D1720956

8. JAN. 1981

Statistische Methoden für Ingenieure und Naturwissenschaftler

Band I
Grundlagen, Beurteilung von Stichproben,
einfache lineare Regression, Korrelation

Prof. Dr. phil. Johannes Blume

Zweite, neubearbeitete Auflage

VDI-Verlag GmbH
Verlag des Vereins Deutscher Ingenieure · Düsseldorf

Titelaufnahme für eine Schrifttumkartei

DK 519.2.004.14:53:62

Blume, Johannes
Statistische Methoden für Ingenieure und
Naturwissenschaftler.
Bd. I: Grundlagen, Beurteilung von Stichproben,
einfache lineare Regression, Korrelation
Zweite, neubearbeitete Auflage
Düsseldorf: VDI-Verl. 1980. 139 S., 34 Bild., 16 Tab.
(VDI-Taschenbücher. T 15)

CIP-Kurztitelaufnahme der Deutschen Bibliothek

Blume, Johannes:
Statistische Methoden für Ingenieure und Natur-
wissenschaftler / Johannes Blume. − Düsseldorf:
VDI-Verlag.
Bd. 1. Grundlagen, Beurteilung von Stichproben,
einfache lineare Regression, Korrelation. −
2., neubearb. Aufl. − 1980.
  (VDI-Taschenbücher; T 15)
  ISBN 3-18-403215-9

© VDI-Verlag GmbH, Düsseldorf 1980

Printed in Germany

ISBN 3-18-403215-9

Vorwort zur zweiten Auflage

In der zweiten Auflage des bearbeiteten und in Einzelteilen verbesserten Bandes I wird die bisherige Gesamtkonzeption des Werkes beibehalten, ein vielseitiger Helfer für alle die zu sein, die statistische Methoden sachgerecht anwenden wollen ohne vorheriges Spezialstudium. Auch die Einteilung des Bandes in zwei Teile wurde beibehalten.

Durch den Verzicht auf mathematische Beweise, durch die Veranschaulichung von Grundgesamtheiten durch Spielmodelle und einen besonders einfachen systematischen Begriffsaufbau wird erreicht, daß eine solche Fülle von Methoden auf verhältnismäßig kleinem Raum gebracht wird, wie sie i. a. nur in wesentlich umfangreicheren Spezialwerken angeboten werden.

Vorausgesetzt sind die üblichen, in Anfangssemestern erworbenen Kenntnisse der Differential- und Integralrechnung und Funktionslehre wie auch die Aufarbeitung empirischer Daten zu Stichproben, die heutzutage ebenfalls in den Anfängerübungen gelehrt werden.

Ein ausführliches Inhaltverzeichnis, eine Zusammenstellung der meist benutzten Formeln und Bezeichnungen, ein Sachwortverzeichnis und eine Angabe von einigen Spezialwerken, in denen die mathematische Beweisführung zum behandelten Rüstzeug ebenfalls ohne größere Spezialkenntnisse der höheren Mathematik dargeboten wird, sollen die Übersicht des Werkes erleichtern bzw. beispielhaft zeigen, daß es auch zur Einführung und Ergänzung zu einem Spezialstudium nützlich ist.

Erfahrungsgrundlage für beide Bände sind langjährige Lehraufträge für Vorlesungen und Übungen an der Universität zu Köln in Mathematik für Naturwissenschaftler und an der Fachhochschule Niederrhein für höhere Mathematik im Fachbereich Elektrotechnik zu Krefeld wie auch umfangreiche Zusammenarbeit mit Kliniken im Anschluß an eigene Forschungen.

Dem Übersetzer ins Spanische und den Kommentatoren danke ich für ihre Mühe. Sollte im einen oder anderen Fall noch Verbesserungsbedürftigkeit trotz aller Bemühung um Korrektheit bestehen, was bei einem solchen Werk nie auszuschließen sein dürfte, so wäre ich um Mitteilung dankbar.

Meerbusch, Januar 1980   *Johannes Blume*

Vorwort zur ersten Auflage

Immer häufiger werden Ingenieure und Naturwissenschaftler in der Praxis vor die Aufgabe gestellt, Probleme statistisch anzufassen und zu bearbeiten. Vom Studium her sind vielen von ihnen die anzuwendenden Methoden entweder unbekannt oder nicht mehr geläufig genug. Den meisten fehlt es auch an Zeit, sie sich in Spezialwerken zu erarbeiten. Andererseits genügt es oft auch nicht, nach ,,Kochbuchrezept'' nur Rechenschemata zu benutzen, weil ohne Kenntnis der zugrunde liegenden Gedanken und des spezifischen Anwendungsbereiches einer Methode es leicht zu Fehlschlüssen kommen kann.

Das vorliegende Buch sucht diesen Verhältnissen dadurch gerecht zu werden, daß es im ersten Teil die Grundzüge und praktisch wichtigsten Methoden der modernen Statistik möglichst anschaulich und ohne mathematische Beweisführung entwickelt und das erforderliche mathematische Rüstzeug bereitstellt. Im zweiten Teil werden entsprechende Rechenschemata allgemein und mit Zahlenbeispielen angegeben. In einem zweiten Band werden noch weiter- und tiefergreifende Methoden auf gleiche Weise behandelt.

Johannes Blume

Inhalt

Einführung

In der Statistik werden Ereignisse untersucht, die zufallsbedingt sind, d. h. deren Ergebnisse nicht vorausgesagt werden können. Solche Ereignisse sind z. B. der Einzelwurf eines Würfels nach genügendem Schütteln des Bechers, das Ziehen eines Einzelloses bei einer Lotterie, der Zeitpunkt des Zerfalles eines Einzelatoms eines radioaktiven Stoffes, die Messung an einem Einzelstück einer Serienproduktion, die Messung einer physikalischen Größe und die Bestimmung des Zeitpunktes des Todeseintritts eines Menschen. Trotz dieser Unsicherheit in der Voraussage für das Einzelergebnis lehrt die Erfahrung, daß bei einer genügend großen Menge derartiger Einzelereignisse praktisch brauchbare Voraussagen möglich sind. So kann man z. B. voraussagen, daß beim Würfeln mit einem echten Würfel in einer großen Wurfserie die Merkmalzahlen 1 bis 6 meist ungefähr gleichoft vorkommen, daß die Ergebnisse der Messungen an vielen Einzelstücken einer Serienproduktion meist nur wenig von ihrem Durchschnitt und daß bei vielen gleichartigen Wiederholungen der Messungen einer physikalischen Größe mit der gleichen Versuchsapparatur die Ergebnisse meist nur wenig von ihrem Durchschnitt abweichen.

Natürlich sind auch derartige Aussagen über Serien zufallsbedingter Einzelereignisse noch mit einer gewissen Unsicherheit belastet; aber sie ist erfahrungsgemäß wesentlich geringer als die für das Einzelereignis. Hierauf beruht die Nützlichkeit statistischer Untersuchungen.

Wie in jeder anderen Erfahrungswissenschaft erhält man auch in der Statistik die Möglichkeit zu Aussagen auf wissenschaftlicher Grundlage nur durch die Zuordnung empirisch erhaltener Daten zu Modellen, d. h. zu abstrakten Gedankengebilden, für die ein Kalkül besteht, wie z. B. für die klassische Physik die Infinitesimalrechnung. In der Statistik sind es sogenannte Grundgesamtheiten. Sie bestehen aus Variablen eines bestimmten Geltungsbereiches, denen jedoch zum Unterschied zu den Variablen der Infinitesimalrechnung noch eine Wahrscheinlichkeitsverteilung zugeordnet ist. Als Beispiel sei die Fehlerrechnung erwähnt, bei der im einfachsten Fall zu einer bestimmten Meßmethode an einem bestimmten Meßobjekt als Grundgesamtheit meist eine Variable gehört, welche als Wahrscheinlichkeitsdichteverteilung die Funktion einer Gauß'schen Glockenkurve besitzt. Variable mit einer Wahrscheinlichkeitsverteilung werden im folgenden Wahrscheinlichkeitsvariable genannt.

Mit derartigen Variablen können Funktionen, im Text Wahrscheinlichkeitsfunktionen genannt, gebildet werden, wobei dann die Aufgabe besteht, aus bekannten Wahrscheinlichkeitsverteilungen der Grundvariablen gemäß den Regeln der Wahrscheinlichkeitsrechnung die Wahrscheinlichkeitsverteilung der Funktion zu bestimmen. Geeignete Funktionen dieser Art bilden die Grundlage zur Beurteilung empirisch erhaltener Serien von zufallsbedingten Einzelereignissen. Sie ist eine wesentliche Aufgabe der Statistik. Infolgedessen ist die Kenntnis dieser theoretischen Grundlagen notwendig, wenn man bei Anwendung statistischer Methoden die Gefahr zu falschen Schlüssen vermeiden will.

Aufgrund dieser Verhältnisse drängt sich der gedankliche Aufbau dieses Buches von selbst auf: Zunächst werden die Methoden zur mathematischen Erfassung empirisch erhaltener Serien aus zufallsbedingten Einzelereignissen insoweit behandelt, als sie zur Zuordnung zu Grundgesamtheiten nötig sind. Dann werden die für die Praxis wichtigsten Typen von Wahrscheinlichkeitsverteilungen aufgeführt. Anschließend werden die für die Praxis wichtigen Wahrscheinlichkeitsfunktionen besprochen. Auf dieser Basis werden schließlich die beiden wichtigsten Methoden zur Beurteilung von Serien zufallsbedingter Einzelereignisse angegeben, nämlich das Prüfen und Schätzen. (Eine ausführliche Behandlung der Anwendungen der Binomial- und Poissonverteilung erfolgt in Bd. II.)

In diesem Band wird dies zunächst an eindimensionalen Grundgesamtheiten dargelegt und dann auf lineare zweidimensionale erweitert, wobei der Begriff des stochastischen Zusammenhangs als Erweiterung des Begriffs der funktionalen Abhängigkeit im Vordergrund steht. Dabei wird ferner zunächst vorausgesetzt, daß die Verteilungen der zugehörigen Grundgesamtheiten bekannt sind.

Anmerkungen zur Benutzung des Buches

Im theoretischen Teil werden zu einzelnen Abschnitten gegebenenfalls die Abschnitte, in denen die zugehörigen Rechenschemata enthalten sind, in schrägstehenden eckigen Klammern angegeben. Umgekehrt sind im rechnerischen Teil bei den einzelnen Rechenschemata in senkrechten eckigen Klammern die Abschnitte vermerkt, in denen ihre Theorie behandelt ist. So kann sich der Leser schnell orientieren.

Die gebrachten Zahlenbeispiele sollen, wie ihr Name sagt, die Rechenschemata lediglich beispielhaft erläutern. Alle Betrachtungen über Wirklichkeitsbedeutung sind also fortgelassen. Diese ist sowieso von

Fach zu Fach unterschiedlich und erfordert oft auch Spezialkenntnisse, die nur der betreffende Fachmann beherrscht.

Ein umfassendes Literaturverzeichnis ist im zweiten Band enthalten. Zum Spezialstudium seien u. a. genannt:

[1] *Erwin Kreiszig*: Statistische Methoden und ihre Anwendungen. Göttingen: Vandenhoeck u. Ruprecht 1968.

[2] *Arthur Linder*: Statistische Methoden. Basel und Stuttgart: Birkhäuser Verlag 1964.

[3] *Erna Weber*: Grundriß der Biologischen Statistik. Stuttgart: Gustav Fischer Verlag 1967.

[4] *von Mises, Richard*: Wahrscheinlichkeit, Statistik und Wahrheit, Springer Verlag

[5] *Blume, Johannes*: Einführung in die Grundgedanken der Wahrscheinlichkeitsrechnung; Sem. Ber. d. Math. Seminars, 12. SS, 1938, Universität Münster

Im Text wird auf diese fünf Werke öfter verwiesen mit der entsprechenden Ziffer in geradstehenden eckigen Klammern.

Formelzeichen und Bezeichnungen

x, y, z	Variable o h n e Wahrscheinlichkeitsverteilung
X, Y, Z	Wahrscheinlichkeitsvariable, d. h. Variable m i t Wahrscheinlichkeitsverteilung
$x_\nu; \nu = 1, 2, \ldots N$	Stichprobenelemente der Urliste
$x_j; j = 1, 2, \ldots m$	Menge der verschiedenen und nach der Größe geordneten Stichprobenelemente der Urliste
N_j	Häufigkeit der x_j-Elemente; $\sum\limits_{j=1}^{m} N_j = N$
$\bar{x}$	Durchschnitt einer Stichprobe
s^2	Varianz einer Stichprobe
s	Standardabweichung einer Stichprobe
σ^2	Varianz einer Grundgesamtheit
σ	Standardabweichung einer Grundgesamtheit
$p(x_j)$	Wahrscheinlichkeit eines Ereignisses des Merkmals x_j
$\varphi(x)$	Wahrscheinlichkeitsdichte der n o r m i e r t e n Gauß'schen Normalverteilung
$\psi(x)$	Wahrscheinlichkeitsdichte einer b e l i e b i g e n stetigen Wahrscheinlichkeitsverteilung

3

$\Phi(x)$	Summenwahrscheinlichkeit der n o r m i e r t e n Gauß'schen Normalverteilung
$\Psi(x)$	Summenwahrscheinlichkeit einer b e l i e b i g e n stetigen Wahrscheinlichkeitsverteilung
b	Regressionskoeffizient einer Stichprobe
β	Regressionskoeffizient einer Grundgesamtheit
r	Korrelationskoeffizient einer Stichprobe
ϱ	Korrelationskoeffizient einer Grundgesamtheit

1. Grundbegriffe

1.1. Relative Häufigkeit, Durchschnitt und Varianz einer Serie [7.1]

Zur mathematischen Behandlung von Serien zufallsbedingter Einzelereignisse werden letzteren Zahlen zugeordnet, wobei im einfachsten Falle eine einzige Zahl genügt. Mathematisch stellt sich daher eine solche Serie als eine Menge bestimmter Zahlen dar, wie z. B. beim Spiel mit einem Würfel aus den Zahlen 1 bis 6. Die Menge, aus der die Zahlen stammen, heißt der Merkmalbereich. Beim Spiel mit einem Würfel ist er diskret und endlich. Er kann jedoch auch stetig und unendlich sein. Bei Herstellung einer Serie schreibt man die Einzelelemente, wie sie anfallen, hin. Man erhält so die Urliste.

Bei der mathematischen Erfassung der Serie geht man zunächst von der Annahme aus, daß die Reihenfolge, in der die Einzelelemente anfallen, keine Rolle spielt. Man bestimmt die Häufigkeit, mit der jedes Merkmal in der Serie vorkommt. Indem man sie durch die Gesamtzahl der Serienelemente dividiert, erhält man die relative Häufigkeit des Vorkommens der Merkmalelemente. Wenn z. B. beim Spiel mit einer Münze das Fallen der Zahl mit „0" und das der Rückseite mit „1" bezeichnet wird, und bei $N = 100$ Würfen „0" $N_0 = 52 -$ und „1" $N_1 = 48$mal vorkommt, so sind die relativen Häufigkeiten:

$$\frac{N_0}{N} = 0{,}52 \text{ und } \frac{N_1}{N} = 0{,}48.$$

Natürlich ist ihre Summe gleich der Einheit. Besteht der Merkmalbereich aus m Zahlen, so gilt bei einer Serie aus N Elementen für die relative Häufigkeit des Merkmals x_j:

$$r_j = \frac{N_j}{N}, \; j = 1, 2, \ldots m \tag{1.1--1}$$

Dabei ist:

$$\sum_{j=1}^{m} \frac{N_j}{N} = 1 \tag{1.1--2}$$

Zur weiteren Erfassung bildet man den D u r c h s c h n i t t der Serie, d. h. man dividiert die Summe aller Serienelemente durch den Serienumfang N. Es ist also:

5

$$T = \sum_{j=1}^{m} N_j \, x_j \quad \text{(Summe aller Serienelemente)} \qquad (1.1\text{--}3)$$

$$\bar{x} = \frac{T}{N} \qquad \text{(Seriendurchschnitt)} \qquad (1.1\text{--}4)$$

Der Durchschnitt allein ist eine nur vage Erfassung der Serie, wie man sich an einem einfachen Beispiel klarmacht. Ist z. B. der Durchschnitt zweier Zahlen gleich 50, so können die beiden Zahlen sowohl nahe beieinanderliegen, wie z. B. 49 und 51, aber auch sehr weit auseinander, wie z. B. 1 und 99. Man benötigt also mindestens noch ein Maß über die Streuung der Serienelemente um ihren Durchschnitt. Man kann sie verschiedenartig vorschreiben. Bewährt hat sich die Summe der Abweichungsquadrate, die man durch $n = N - 1$ dividiert, also:

$$s^2 = \sum_{j=1}^{m} \frac{N_j \, (x_j - \bar{x})^2}{N - 1} \qquad (1.1\text{--}5)$$

Diese Größe heißt die V a r i a n z der Serie, und die Wurzel s aus ihr heißt die S t a n d a r d a b w e i c h u n g. Man sieht ohne weiteres, daß diese Größen um so kleiner sind, je geringer die Serienelemente um ihren Durchschnitt gestreut sind und umgekehrt.

Auffällig ist das Auftreten des Nenners mit $n = N - 1$ statt N, wie es beim Durchschnitt der Fall ist. Dies hat folgenden Grund: Für die N Merkmalelemente besteht eine Nebenbedingung, und zwar die Gleichung (1.1–3). Infolgedessen ist durch $N - 1$ Merkmalelemente das N-te mitbestimmt. Sollten m Nebenbedingungen bestehen, so ist $N - m$ der Freiheitsgrad.

Bei der Berechnung der Varianz ist es lästig, daß man erst die Differenz $x_j - \bar{x}$ bilden muß. Dies kann man vermeiden, wenn man folgende Umformung benutzt:

$$s_{x\bar{x}} = \sum_{j=1}^{m} N_j \, (x_j - \bar{x})^2 = \sum_{j=1}^{m} N_j \, x_j^2 - \frac{T^2}{N} \qquad (1.1\text{--}6)$$

Dann ist:

$$s^2 = \frac{s_{x\bar{x}}}{N - 1} \qquad (1.1\text{--}7)$$

die Varianz.

1.2. Zusammenhang zwischen Durchschnitt und Varianz

Für das Verständnis statistischer Methoden ist es nützlich, das Verhältnis zwischen Durchschnitt und Varianz unter einem höheren Gesichtspunkt zu betrachten. Dazu geht man folgendermaßen vor: Man denkt sich in einer Serie die Zahlen x_j und N_j, $j = 1, 2, \ldots m$ gegeben. Es sei nun x eine Variable. Dann bildet man die Summe der Abweichungsquadrate von x in der Form:

$$\hat{f}(x) = \sum_{j=1}^{m} N_j \, (x - x_j)^2 \qquad (1.2-1)$$

Sie wird als Funktion von x aufgefaßt und gefragt: Für welchen Wert von x wird sie ein Minimum? Ihre Ableitung ist:

$$f'(x) = 2 \sum_{j=1}^{m} N_j \, (x - x_j)$$

Setzt man sie gleich Null und rechnet nach x aus, so erhält man:

$$x = \frac{x_1 + x_2 + \ldots + x_N}{N} = \bar{x}$$

Da die zweite Ableitung von $f(x)$ gleich $2\,N$ ist, also größer 0 ist, so hat die Funktion Gl. (1.2–1) ein Minimum, wenn x gleich dem Seriendurchschnitt ist.

Dividiert man die Funktion Gl. (1.2–1) durch $N - 1$, so erhält man eine Funktion, die ebenfalls für $x = \bar{x}$ ein Minimum hat. Dies ist die Varianz. Durchschnitt und Varianz lassen sich also dem Oberbegriff der Summe der Abweichungsquadrate unterordnen. Sie spielt in der Theorie der Beurteilung empirisch erhaltener Serien zufallsbedingter Einzelereignisse eine wichtige Rolle, wie sich noch zeigen wird.

1.3. Grundgesamtheit, Wahrscheinlichkeit und Stichprobe

1.3.1. Diskrete Wahrscheinlichkeitsverteilung

Beim Spielen mit einem „echten" Würfel in großen Wurfserien kommt meist jede der Merkmalzahlen 1 bis 6 ungefähr gleichoft vor. Erfahrungsgemäß gilt noch mehr: Wenn man die Zahl der Würfe einer Serie unbegrenzt größer nimmt, so nähern sich die relativen Häufigkeiten des Auftretens jeder dieser Merkmalzahlen im allgemeinen immer genauer dem Wert $p = 1/6$ an. Daher nennt man diese Zahl die Wahrscheinlichkeit für das Auftreten einer bestimmten Merkmalzahl wie z. B. der „1".

Diesen Gedanken kann man verallgemeinern: Wenn man erfahrungsgemäß feststellt, daß bei unbegrenzt zunehmender Wiederholung von gleichartigen zufallsbedingten Einzelereignissen sich im allgemeinen die relative Häufigkeit des Eintretens einer Merkmalzahl x_j einem bestimmten Wert $p(x_j) > 0$ nähert, so nennt man diesen Wert die W a h r s c h e i n - l i c h k e i t des Eintretens des Merkmals x_j. Diese Einführung von Wahr-

scheinlichkeit genügt im allgemeinen für die Praxis. Eine genaue Darstellung mit Hilfe der Mengenlehre findet man in den Spezialwerken.

Aus dieser Zurückführung der Wahrscheinlichkeit auf die relative
Häufigkeit folgt, daß $0 \leq p(x_j) \leq 1$ und:

$$\sum_{j=1}^{m} p(x_j) = 1 \qquad (1.3-1)$$

Der Wahrscheinlichkeitsbegriff ist insofern eine Abstraktion, als eine
unbegrenzte Wiederholung zufallsbedingter Einzelereignisse praktisch
nicht zu verwirklichen ist. Gedanklich kann man aber die Gesamtheit der
Zahlen aus solchen an sich möglichen Wiederholungen ins Auge fassen
und sie mit dem Ausdruck G r u n d g e s a m t h e i t bezeichnen. Sie
stellt damit die Gesamtheit aller möglichen Zahlen dar, welche überhaupt
in Serien von zufallsbedingten Ereignissen bestimmter Art auftreten
können. Diese Zahlen selbst entstammen immer einem bestimmten
Merkmalbereich, wie schon früher angegeben wurde. Eine S t i c h -
p r o b e ist dann eine z u f ä l l i g e Auswahl endlich vieler Zahlen aus
der Grundgesamtheit. In diesem Sinne wird im Folgenden dieser Begriff
gebraucht. Die Zahl N der Stichprobenelemente heißt der Stichprobenumfang.

Danach gehört also zu jeder Grundgesamtheit außer einem Merkmalbereich auch eine W a h r s c h e i n l i c h k e i t s v e r t e i l u n g wie
zu jeder Stichprobe eine relative Häufigkeitsverteilung gehört.

1.3.2. Stetige Wahrscheinlichkeitsverteilung

Der Wahrscheinlichkeitsbegriff muß aus wichtigen Gründen auf stetige
Merkmalbereiche mit stetigen Wahrscheinlichkeitsverteilungen erweitert
werden. Rein formal kann man dabei folgendermaßen vorgehen: Im
vorigen Abschnitt bestand der Merkmalbereich aus diskret verteilten
Zahlen, wie z. B. beim Würfel aus den Zahlen 1 bis 6. Beim „echten"

Bild 1. Wahrscheinlichkeitsverteilung eines echten Würfels (Stabfunktion)

Würfel ist die Wahrscheinlichkeit jedes Merkmals $p = 1/6$. Trägt man
diese in einem Diagramm auf, so erhält man das Bild einer Stabfunktion
nach B i l d 1. Nun soll j e d e r Zahl eines bestimmten Merkmalbereiches $a \leq x \leq b$ eine sogenannte Wahrscheinlichkeitsdichte zugeordnet

werden, d. h. jeder reellen Zahl x dieses Bereiches wird eine andere, nicht negative Zahl $\psi(x)$ zugeordnet, wobei die Nebenbedingung besteht:

$$\int_a^b \psi(x)\,\mathrm{d}x = 1$$

Im Folgenden sollen aus formalen Gründen die Grenzen des stetigen Merkmalbereiches immer mit $a = -\infty$ und $b = +\infty$ geschrieben werden. Wenn a und b endlich sind, so wird einfach angenommen, daß für alle Werte x außerhalb des durch a und b gegebenen Bereiches die Wahrscheinlichkeitsdichten Null sind. Ferner werden fortan zunächst die Wahrscheinlichkeitsdichteverteilungen als stetig angenommen, d. h. $\psi(x)$ ist eine stetige Funktion der reellen Variablen x, wobei $-\infty < x < +\infty$. Dann gehört zu jedem Werte $x = x_1$ eine Flächenfunktion, wie B i l d 2 schematisch zeigt:

$$\Psi(x_1) = \int_{-\infty}^{x_1} \psi(x)\,\mathrm{d}x \tag{1.3--2}$$

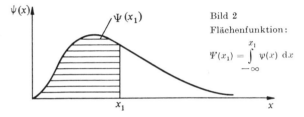

Bild 2

Flächenfunktion:

$$\Psi(x_1) = \int_{-\infty}^{x_1} \psi(x)\,\mathrm{d}x$$

Statistisch bedeutet dies Folgendes: Die reelle Zahl x sei einem zufallsbedingten Ereignis zugeordnet, das die Wahrscheinlichkeitsdichte $\psi(x)$ besitzt. Dann gibt Gl. (1.3--2) die Wahrscheinlichkeit dafür an, daß ein Ereignis i r g e n d e i n e der Zahlen x im Bereich $-\infty < x \leq x_1$ hat. Dementsprechend bedeutet:

$$\Psi(x_1;\,x_2) = \int_{x_1}^{x_2} \psi(x)\,\mathrm{d}x \tag{1.3--3}$$

die Wahrscheinlichkeit, daß ein Ereignis i r g e n d e i n e der Zahlen x im Bereich $x_1 \leq x \leq x_2$ annimmt, B i l d 3.

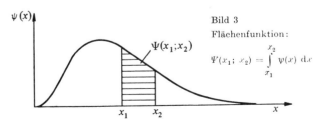

Bild 3

Flächenfunktion:

$$\Psi(x_1;\,x_2) = \int_{x_1}^{x_2} \psi(x)\,\mathrm{d}x$$

Nach dem Fundamentalsatz der Integralrechnung ist:

$$\Psi'(x) = \psi(x);$$

d. h. die Wahrscheinlichkeitsdichte $\psi(x)$ ist die Ableitung ihrer Flächenfunktion $\Psi(x)$. Daraus ergibt sich: Wenn $x_1 < x_2$ genügend nahe benachbart sind, so kann der Flächeninhalt Gl. (1.3–3) annähernd durch die folgende Beziehung ausgedrückt werden, wobei x_j die Mitte zwischen x_1 und x_2 und $\Delta x = x_2 - x_1$ bedeuten (B i l d 4):

$$\Psi(x_2) - \Psi(x_1) = \Psi(x_1; x_2) = \Delta\Psi(x_\text{j}) \approx \psi(x_\text{j})\,\Delta x \qquad (1.3\text{–}4)$$

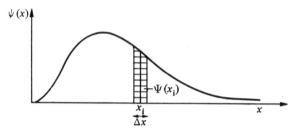

Bild 4. Der schmale schraffierte Streifen der Flächenfunktion
ist annähernd gleich $\psi(x_\text{j})\,\Delta x$.

1.3.3. Stichprobe und Grundgesamtheit

Bei einer diskreten Verteilung ist das Verhältnis zwischen Stichprobe und Grundgesamtheit ohne weiteres klar: Je größer der Umfang der Stichprobe ist, um so genauer nähert sich im allgemeinen die relative Häufigkeitsverteilung der Merkmale der Wahrscheinlichkeitsverteilung der Grundgesamtheit an. Das besagt: Stichproben großen Umfangs lassen im allgemeinen genauere Schlüsse auf die Grundgesamtheit zu als solche mit kleinerem Umfang.

Wenn jedoch die Grundgesamtheit einen stetigen Merkmalbereich für x und eine stetige Verteilung $\psi(x)$ hat, so ist das Verhältnis von Stichprobe und Grundgesamtheit komplizierter. Es soll am Beispiel erläutert werden: Im Rechenbeispiel [7.1.1] ist eine Urliste des Umfangs $N = 100$ gegeben, deren Elemente aus den 11 ganzen Zahlen 50, 51, . . . 60 bestehen. Nimmt man an, dies seien die Merkmale des d i s k r e t e n zugehörigen Merkmalbereiches, so kann man, wie dort ausgeführt, relative Häufigkeit und Varianz berechnen, und sie geben auch annähernd Werte, die wahrscheinlich nicht sehr von den entsprechenden Durchschnittswerten μ und σ^2 abweichen, die zu der Grundgesamtheit gehören, aus der die Stichprobe als entnommen betrachtet wird.

Wenn jedoch die Elemente der gleichen Urliste als Stichprobe einer Grundgesamtheit mit der s t e t i g e n Wahrscheinlichkeitsverteilung $\psi(x)$

aufgefaßt werden, so kann man auf der x-Achse n kleine untereinander gleiche Abschnitte k auftragen und zwar derart, daß die elf ganzen Zahlen 50, 51, ... 60 jeweils zu einer Abschnittsmitte gehören und von den n Abschnitten überdeckt werden. Nimmt man z. B. $k = 1{,}0$, so würde die in B i l d 5 gezeigte Klasseneinteilung entstehen. Dann kann man die Anzahl N_i der Elemente der Urliste bestimmen, die jeweils in den einzelnen Abschnitten der Mitten x_i liegen. Dies ist z. B. in [8.1] in den drei ersten Spalten der Rechnung durchgeführt. Hier sind $x_{il} = x_i - 0{,}5$ und $x_{ir} = x_i + 0{,}5$ die Abschnittsgrenzen. Auf den Mitten x_i denkt man sich die relativen Häufigkeiten $N_i/100$ aufgetragen, wodurch man Bild 5 erhält.

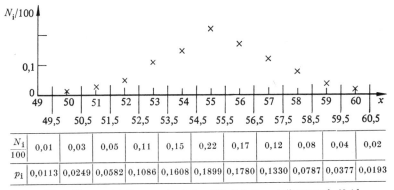

$\dfrac{N_i}{100}$	0,01	0,03	0,05	0,11	0,15	0,22	0,17	0,12	0,08	0,04	0,02
p_i	0,0113	0,0249	0,0582	0,1086	0,1608	0,1899	0,1780	0,1330	0,0787	0,0377	0,0193

Bild 5. Klasseneinteilung und relative Häufigkeitsverteilung nach [8.1]

Falls nun die benutzte Urliste eine Stichprobe der Grundgesamtheit mit der stetigen Verteilung $\psi(x)$ ist, sind die $N_i/100$ durch ihre Flächenfunktion $\Psi(x)$ annähernd berechenbar, wenn genommen wird:

$$\frac{N_i}{100} \approx \int\limits_{x_i - 0,5}^{x_i + 0,5} \psi(x)\ \mathrm{d}x \qquad (1.3-5)$$

Im Beispiel [8.1] ist das geschehen, nachdem man eine Transformation der zugrundegelegten Gauß'schen Normalverteilung mit dem Durchschnitt $\mu = 55{,}22$ und $\sigma = 2{,}07$ auf die sogenannte Gauß'sche normierte Normalverteilung durchgeführt hat. Dies hat keinen Einfluß auf die Berechnung. Die Ergebnisse sind in der Spalte p_i angegeben. Ein Vergleich mit den gegebenen Werten in Bild 5 zeigt ungefähre Übereinstimmung. Man setzt nun voraus, daß der Stichprobenumfang größer genommen wird und daß als Stichprobenelemente j e d e Zahl $50 \leq x \leq 60$ auftreten kann. Dann kann man die gleichen Abschnitte k, die den Bereich $50 \leq x \leq 60$ einschließen, entsprechend kleiner wählen, so daß ihre Zahl n demgemäß größer wird. Wieder bestimmt man die Zahl N_i der Elemente der Stichprobe, die in den i-ten Abschnitt fallen und trägt N_i/N über der Mitte x_i der Abschnitte auf. Es wird nun vorausgesetzt: Falls $N \to \infty$ und $k \to 0$, so werden die auf den Abschnittsmitten aufgetragenen relativen Häufigkeiten, geteilt durch k, sich im allgemeinen asymptotisch der zugehörigen Wahrscheinlichkeitsdichteverteilung $\psi(x)$ nähern, wenn die Stichprobe aus der Grundgesamtheit mit dieser Verteilung stammt.

Man kann natürlich in diese Betrachtung auch die unendlich großen Abschnitte links und rechts des betrachteten Bereiches $50 \le x \le 60$ einbeziehen, wie das in [8.1] geschehen ist. Nach diesen Überlegungen besteht die Beziehung: Wenn der Stichprobenumfang $N \to \infty$ und dementsprechend die Klassenbreite $k \to 0$ genommen wird, so gilt, wenn $k = \Delta x$ und x_{il} bzw. x_{ir} die linken bzw. rechten Grenzen der Abschnitte Δx sowie x_i ihre Mitten sind:

$$\frac{N_i}{N} \approx \int\limits_{x_{il}}^{x_{ir}} \psi(x) \, \mathrm{d}x \approx \psi(x_i) \, \Delta x \qquad (1.3\text{--}6)$$

$$N_i \approx N \int\limits_{x_{il}}^{x_{ir}} \psi(x) \, \mathrm{d}x \qquad (1.3\text{--}7)$$

wenn N genügend groß ist. Für den beschriebenen Übergang $N \to \infty$ gilt:

$$\frac{1}{\Delta x} \frac{N_i}{N} \to \frac{\int\limits_{x_{il}}^{x_{ir}} \psi(x) \, \mathrm{d}x}{\Delta x} \approx \psi(x_i) \qquad (1.3\text{--}8)$$

$$N \to \infty \qquad \Delta x \to 0$$

In Gl. (1.3–7) gibt die rechte Seite die Anzahl der Merkmale innerhalb einer Stichprobe des Umfangs N an, die e r w a r t u n g s g e m ä ß in den Bereich $x_{il} \le x < x_{ir}$ fallen.

Die bisherigen Überlegungen sind bewußt ziemlich allgemein gehalten, um das Verständnis zu erleichtern. Sie bedürfen natürlich einer Präzisierung. Diese ist vor allem in zweierlei Hinsicht erforderlich:

1) Der benutzte Begriff der Zufälligkeit muß genauer erklärt werden. Das geschieht in Abschn. 3.6 über Spielmodelle von Wahrscheinlichkeitsfunktionen.

2) Die Art des asymptotischen Annäherns der relativen Häufigkeitsverteilungen von Stichproben, falls ihr Umfang $N \to \infty$ wächst, an die zugrundeliegende Wahrscheinlichkeitsverteilung muß genauer gefaßt werden. Hier kann man sagen: Nicht j e d e der zufällig erhaltenen Stichproben vollzieht diese Annäherung, aber der Bruchteil aller hergestellten Stichproben, der sie n i c h t vollzieht, strebt gegen Null, wenn der Stichprobenumfang selbst gegen Unendlich geht.

Auch dies könnte noch präziser gefaßt werden [5]. Aber das ist Aufgabe der Spezialwerke. Die hier gebrachte Formulierung dürfte für die gewöhnliche Praxis genügen.

Das Verhältnis von Stichprobe zur Grundgesamtheit ist deswegen so ausführlich dargestellt worden, weil es für die Beurteilungskriterien von Stichproben grundlegend ist. Denn Beurteilen heißt, Stichproben Grundgesamtheiten und Grundgesamtheiten Stichproben zuzuordnen. Dies ist in dem Abschn. 4 genauer dargelegt.

1.4. Mathematische Erfassung von Grundgesamtheiten [11]

(Durchschnitt, Varianz, Schiefe, Exzeß und zentrale Momente)

Wie in Abschn. 1 die Serien zufallsbedingter Ereignisse, nunmehr Stichproben genannt, mathematisch erfaßt worden sind, so müssen auch Grundgesamtheiten mathematisch charakterisiert werden. Beim Durchschnitt von Grundgesamtheiten mit diskretem Merkmalbereich tritt an die Stelle der relativen Häufigkeit einfach die entsprechende Wahrscheinlichkeit. Im Falle eines stetigen Merkmalbereiches, dem eine stetige Wahrscheinlichkeitsdichteverteilung zugehört, tritt an die Stelle der Summe dann das Integral. Das gleiche geschieht bei der Varianz, wobei es natürlich keine Rolle spielt, ob beim Übergang zu unbegrenzt großen Werten für N im Nenner diese Größe oder $N - 1$ steht. Daraus ergeben sich ohne weiteres auch die Formeln für die Standardabweichung. Bei unsymmetrischen Wahrscheinlichkeitsverteilungen benötigt man oft noch ein Maß für die „Schiefe". Hier geht man von den dritten Potenzen der Differenzen $x_j - \bar{x}$ bzw. $x - \mu$ aus. Bei symmetrischer Verteilung erhalten die Differenzen, die sich nur durch ihr Vorzeichen unterscheiden, den gleichen Faktor der relativen Häufigkeit bzw. der Wahrscheinlichkeit oder Wahrscheinlichkeitsdichte und heben sich bei der Summierung bzw. Integrierung fort. Bei Unsymmetrie ist das nicht der Fall, so daß bei der Summierung bzw. Integrierung ein von Null verschiedener Wert auftritt. Man dividiert ihn durch die Kubik der Standardabweichung und erhält so das Maß für die Schiefe, B i l d 6 und 7. Auch eine symmetrische Verteilung kann von der Gauß'schen Glockenkurve symmetrisch abweichen. Dafür benötigt man oft ein Maß, den Exzeß. Hierzu dienen die vierten Potenzen $(x_j - \bar{x})^4$ bzw. $(x - \mu)^4$, die unabhängig vom Vorzeichen sind. Ihre Summe bzw. ihr Integral wird durch die vierte Potenz der Standardabweichung dividiert. Bei der Wahrscheinlichkeitsdichteverteilung in Gestalt der Gauß'schen Glockenkurve ergibt sich für den Exzeß der Wert 3. Infolgedessen zieht man bei andern Verteilungen diesen Betrag ab, um den Unterschied gegenüber der genannten Verteilung zu erhalten. Diese Differenz kann dann wie auch die Schiefe positiv und negativ sein. Sie heißt der Exzeß der betreffenden Verteilung, B i l d 8.

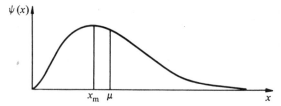

Bild 6. Schematische Darstellung einer asymmetrischen Wahrscheinlichkeitsverteilung $\psi(x)$ mit positiver Schiefe: Der Durchschnitt μ liegt rechts von der maximalen Wahrscheinlichkeitsdichte in x_{m}.

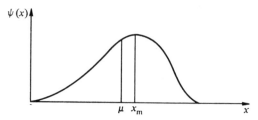

Bild 7. Schematische Darstellung einer asymmetrischen Wahrscheinlichkeitsdichte mit negativer Schiefe: Der Durchschnitt μ liegt links von der maximalen Wahrscheinlichkeitsdichte in x_{m}.

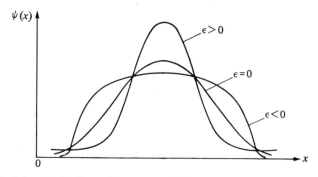

Bild 8. Schematische Darstellung symmetrischer Wahrscheinlichkeitsverteilungen mit verschiedenen Exzessen mit gleichem Durchschnitt und gleicher Varianz. Der Exzeß der Gauß'schen Normalverteilung wird als Null angenommen.

Diesen mathematischen Ausdrücken ist gemeinsam, daß ihr Zähler sich in der Form schreiben läßt:

$$\sum_{j=1}^{m} \psi(x_j)\,(x_j - \bar{x})^k \qquad \text{bzw.} \qquad \int_{-\infty}^{+\infty} \psi(x)\,(x - \mu)^k \, \mathrm{d}x; \quad k = 1, 2, \ldots$$

Diese Größen heißen die zentralen Momente k-ter Ordnung der Verteilung.

2. Spezielle Wahrscheinlichkeitsverteilungen

In diesem Abschnitt werden einige Wahrscheinlichkeitsverteilungen erläutert, die in der Praxis der Statistik eine besondere Rolle spielen. Hier werden nur ihre wesentlichen Eigenschaften dargestellt.

2.1. Gauß'sche Normalverteilung

Sie ist für die Statistik von grundlegender Bedeutung aus verschiedenen Gründen: Sehr viele Vorgänge zufallsbedingter Einzelergebnisse können ihr zugeordnet werden. Andere Verteilungen nähern sich bei Vergrößerung ihrer Merkmalbereiche ihr immer mehr an, so daß sie praktisch dann an deren Stelle herangezogen werden kann. Die wichtigsten Beurteilungsmethoden für Stichproben sind auf sie gegründet. Ihre Funktion ist:

$$\psi(x) = \frac{1}{\sigma \sqrt{2\pi}} \, e^{-\frac{1}{2}\left(\frac{x-\mu}{\sigma}\right)^2}$$

$$\Psi(x) = \frac{1}{\sigma \sqrt{2\pi}} \int_{-\infty}^{x} e^{-\frac{1}{2}\left(\frac{z-\mu}{\sigma}\right)^2} \, dz \qquad (2.1-1)$$

μ und σ sind Konstante, durch welche sie bestimmt ist. Sie heißen ihre Parameter. Ihre Bedeutung wird im Folgenden erläutert werden. Die zugehörige Kurve ist in B i l d 9 dargestellt.

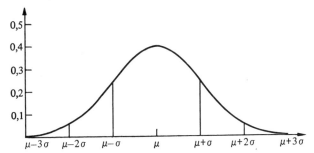

Bild 9. Kurve der Gauß'schen Normalverteilung mit dem Durchschnitt μ und der Varianz σ^2

Man erkennt folgende Eigenschaften:

1) Als gerade Funktion ist sie klappsymmetrisch zur Ordinate in $x = \mu$, auf welcher der Scheitelpunkt $y_\mathrm{s} = \dfrac{1}{\sigma \sqrt{2\,\pi}}$ liegt.

2) Auf beiden Seiten vom Scheitelpunkt fällt sie monoton ab, wobei sie sich der x-Achse asymptotisch nähert.

3) Die beiden Wendepunkte liegen $\pm\,\sigma$ von der Scheitelordinate entfernt. Ihr Abstand $d = 2\,\sigma$ heißt die Glockenbreite.

4) Je größer die Glockenbreite d ist, um so niedriger liegt der Scheitelpunkt und umgekehrt, B i l d 10.

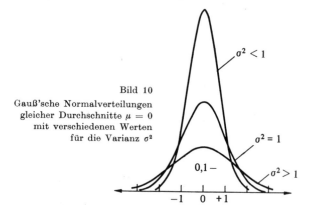

Bild 10
Gauß'sche Normalverteilungen
gleicher Durchschnitte $\mu = 0$
mit verschiedenen Werten
für die Varianz σ^2

5) Der Durchschnitt ist μ und die Varianz σ^2. Auf der Ordinate in μ liegt der Scheitelpunkt und, da das Quadrat der Glockenbreite: $d^2 = 4\,\sigma^2$ ist, bestimmt die Varianz σ^2 die Glockenbreite.

6) Führt man in Gl. (2.1–1) für $\Psi(x)$ die Transformation durch:

$$u = \frac{z - \mu}{\sigma}$$

so erhält man:

$$\Phi(x) = \int\limits_{-\infty}^{x} \varphi(u)\ \mathrm{d}u; \quad \varphi(u) = \frac{1}{\sqrt{2\,\pi}}\ \mathrm{e}^{-\frac{u^2}{2}}$$

Die Funktion $\Phi(x)$ kann nicht explizit hingeschrieben werden, ist aber tabelliert (Tabelle 1). In ihr ist also $\mu = 0$ und $\sigma^2 = 1$. Daher heißt $\varphi(u)$ die normierte Gauß'sche Normalverteilung.

7) Die Schiefe ist Null und der Exzeß ist gleich drei.

16

8) In der Fehlerrechnung spielen die folgenden Integrale eine wichtige Rolle:

$$\Psi(x_1; x_2) = \frac{1}{\sigma\sqrt{2\pi}} \int_{x_1}^{x_2} e^{-\frac{1}{2}\left(\frac{x-\mu}{\sigma}\right)^2} dx:$$

ν	1	2	3
x_1	$\mu - \sigma$	$\mu - 2\sigma$	$\mu - 3\sigma$
x_2	$\mu + \sigma$	$\mu + 2\sigma$	$\mu + 3\sigma$
Ψ	0,6826	0,9544	0,9973

Dies bedeutet, daß insbesondere die Flächeninhalte Ψ_1 und Ψ_3 nahezu den Wert zweidrittel bzw. eins haben. Im letzten Falle kann man sagen, daß die gesamte Fläche unter der Gauß'schen Glockenkurve praktisch schon durch den Flächeninhalt Ψ_3 dargestellt wird (Bild 9).

2.2. Binomialverteilung

Setzt man verallgemeinernd $p = M/N$ und $q = 1 - p$, so erhält man die Binomialverteilung. Sie ist asymmetrisch, mit Ausnahme wenn $p = q = 1/2$ ist.

Sie hat ihren Namen daher, daß ihre Glieder gleich den Summanden einer binomischen Entwicklung sind:

$$(p + q)^n = \sum_{x=0}^{n} \binom{n}{x} p^{n-x} q^x \qquad (2.2-1)$$

wobei $q = 1 - p$ ist. Daher ist diese Summe gleich der Einheit. Der Durchschnitt dieser Verteilung ist:

$$\mu = n\,p \qquad (2.2-2)$$

Die Varianz ist:

$$\sigma^2 = n\,p\,q \qquad (2.2-3)$$

Wenn der Durchschnitt eine ganze Zahl ist, so ist er zugleich der wahrscheinlichste Wert; im andern Falle hat eine oder jede der beiden benachbarten ganzen Zahlen die größte Wahrscheinlichkeit.

Die Summenwahrscheinlichkeit ist:

$$P(x \leq m) = \sum_{x=0}^{m} \binom{n}{x} p^x q^{n-x}$$

Praktisch tritt sie bei allen Aufgaben auf, die den Charakter des sogenannten Bernoulli-Experimentes haben, wie z. B. beim ,,Ziehen mit Zurücklegen".

Wenn man annimmt, in einer Urne befinden sich unter N Kugeln M schwarze und $N - M$ weiße, so kann man nach der Wahrscheinlichkeit fragen, bei n Zügen genau x schwarze Kugeln zu erhalten. Dabei soll nach jedem Zug die Kugel wieder in die Urne zurückgelegt werden. Diese Wahrscheinlichkeit ist:

$$\psi(x) = \binom{n}{x} \left(\frac{M}{N}\right)^x \left(1 - \frac{M}{N}\right)^{n-x} \tag{2.2-4}$$

Praktisch bedeutet dies Folgendes: Wenn man aus der Urne sehr viele Stichproben gleichen Umfangs n bei jedesmaligem Zurücklegen der gezogenen Kugel zieht, so nähert sich der Bruchteil derjenigen Stichproben, welche genau x schwarze Kugeln enthalten, um so genauer dem Wert gemäß Gl. (2.2–4) an, je größer die Stichprobenanzahl ist.

Diesem Spielschema kann man viele Fragen zuordnen, z. B. die Frage, aus einer Serie von N Schrauben, von denen M unbrauchbar sind, bei n Zügen genau x unbrauchbare Schrauben zu erhalten.

Die Schiefe dieser Verteilung ist:

$$\mu_3 = \frac{n\, p\, q\, (1 - 2\, p)}{[n\, p\, q]^{3/2}} \tag{2.2-5}$$

In B i l d 11 sind einige Binomialverteilungen wiedergegeben.

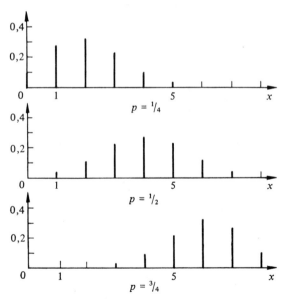

Bild 11. Binomialverteilungen gleichen Umfangs $n = 8$ für verschiedene Werte von p

Für große Werte von n nähert sich die Binomialverteilung einer Gauß'-schen Normalverteilung in folgendem Sinne: In der Gauß'schen Normalverteilung wird gesetzt:

$$\mu = n\,p$$
$$\sigma^2 = n\,p\,q \qquad (2.2-6)$$

Dann ist: $\quad \psi(x) = \binom{n}{x}\,p^x\,q^{n-x} \approx \dfrac{1}{\sqrt{2\,\pi\,n\,p\,q}}\;e^{-\frac{1}{2}\left(\frac{x-n\,p}{\sqrt{n\,p\,q}}\right)^2}$

Infolgedessen gilt für die Summenwahrscheinlichkeit mit den Grenzen $x_1 \le x \le x_2$ die Annäherung:

$$P\,(x_1 \le x \le x_2) = \sum_{x=x_1}^{x=x_2} \binom{n}{x}\,p^x\,q^{n-x} \approx \varPhi(\beta) - \varPhi(\alpha) \qquad (2.2-7)$$

mit: $\qquad \alpha = \dfrac{x_1 - n\,p - 0{,}5}{\sqrt{n\,p\,q}}\;;\quad \beta = \dfrac{x_2 - n\,p + 0{,}5}{\sqrt{n\,p\,q}}$

Sie ist schon für verhältnismäßig kleine Werte von n gut, falls $p \approx 1/2$ ist. Dies ist von großem praktischen Wert, weil das Rechnen mit der Gauß'-schen Normalverteilung einfacher ist.

2.3. Poisson'sche Verteilung

Diese Verteilung kann auf verschiedene Weise gewonnen werden.

1) Für den Fall, daß bei einem Bernoulli-Experiment die Erfolgswahrscheinlichkeit p klein und n sehr groß ist, ist die Anwendung der Binomialverteilung ungünstig. Um sie zweckmäßig umzuformen, läßt man $n \to \infty$ und $p \to 0$ streben, aber derart, daß der Durchschnitt $n\,p = \mu$ konstant bleibt. Als Grenzfunktion ergibt sich die Poisson'-sche Verteilung in der Form:

$$\psi(x) = \frac{\mu^x}{x!}\,e^{-\mu}\;;\;\; x = 0, 1, 2, \ldots \qquad (2,3-1)$$

2) Man kann sie auch aus folgenden Voraussetzungen herleiten:

a) Die Wahrscheinlichkeit des Eintretens eines zufallsbedingten Ereignisses in einem Zeitintervall Δt ist unabhängig von dem Eintreten solcher Ereignisse in den übrigen Intervallen.

b) Diese Wahrscheinlichkeit ist proportional der Größte Δt.

Infolgedessen kann sie vielfach verwendet werden z. B. beim Studium von Verkehrsströmen und beim radioaktiven Zerfall.

3) Sie kann erzeugt werden durch die Rekursionsformel:

$$\psi(x + 1) = \frac{\mu}{x + 1}\,\psi(x); \quad x = 0, 1, 2, \ldots \qquad (2.3-2)$$

wenn $\psi(0) = e^{-\mu}$ gesetzt wird.

Ihr Durchschnitt ist: μ

Ihre Varianz ist: $\sigma^2 = \mu$

Ihre Schiefe ist: $u = \dfrac{1}{\sqrt{\mu}}$ $\qquad (2.3-3)$

Die Summenwahrscheinlichkeit ist:

$$\Psi(x) = e^{-\mu} \sum_{u=0}^{x} \frac{\mu^u}{u!} \qquad (2.3-4)$$

In Bild 12 sind für mehrere Werte von μ die Kurven $\psi(x)$ gezeichnet.

Die Binomialverteilung wird schon bei relativ kleinem Wert n durch die Poisson'sche Verteilung verhältnismäßig gut angenähert. Für große Werte von μ ist die Poisson'sche Verteilung nahezu symmetrisch, weil ihre Schiefe nach Gl. (2.3-3) mit $\mu \to \infty$ gegen Null strebt.

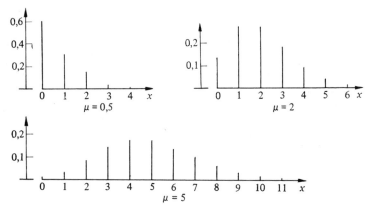

Bild 12. Poisson'sche Verteilungen mit verschiedenen Werten des Parameters μ

2.4. Hypergeometrische Verteilung

Auf diese Verteilung kommt man durch die Frage: In einer Urne sind M schwarze und $N - M$ weiße Kugeln. Man entnimmt R Kugeln ohne Zurücklegen. Wie groß ist die Wahrscheinlichkeit, unter den R Kugeln x schwarze zu finden?

Die Wahrscheinlichkeitsrechnung lehrt:

$$\psi(x) = \frac{\binom{M}{x} \binom{N-M}{R-x}}{\binom{N}{R}}; \quad x = 0, 1, 2, \ldots R < M \qquad (2.4-1)$$

Praktisch bedeutet dies: Wenn man aus der Urne sehr viele Stichproben gleichen Umfangs R ohne jedesmaliges Zurücklegen der Kugel zieht, so nähert sich der Bruchteil derjenigen Stichproben, welche genau x schwarze Kugeln enthalten, um so genauer dem Wert gemäß Gl. (2.4-1) an, je größer die Stichprobenanzahl ist. Dabei müssen nach der Ziehung jeder Stichprobe alle gezogenen Kugeln wieder in die Urne zurückgelegt werden, ehe die nächste Stichprobe gezogen wird.

Die Summe über alle diese Wahrscheinlichkeiten ist gleich der Einheit, da nach einer Regel über Kombinationen ist:

$$\sum_{x=0}^{R} \binom{M}{x} \binom{N-M}{R-x} = \binom{N}{R} \qquad (2.4-2)$$

Die Verteilung hat den Durchschnitt:

$$\mu = R \frac{M}{N} \qquad (2.4-3)$$

und die Varianz:

$$\sigma^2 = \frac{N-R}{N-1} \, R \, \frac{M}{N} \left(1 - \frac{M}{N}\right) \qquad (2.4-4)$$

Wenn N, M und $N - M$ groß gegenüber R sind, so kann die hypergeometrische Verteilung durch die Binomialverteilung ersetzt werden, wobei $p = M/N$ zu setzen ist. Daraus folgt weiter, daß sie für kleine Werte von p, große von R und wiederum großen N gegenüber R durch die Poissonsche Verteilung ersetzt werden kann, da diese unter diesen Annahmen wieder für die Binomialverteilung genommen werden kann, wie im vorigen Abschnitt gezeigt wurde.

3. Wahrscheinlichkeitsfunktionen

In den bisherigen Ausführungen handelt es sich um Variable, denen eine Wahrscheinlichkeitsverteilung zugeordnet ist, d. h. x ist eine Variable, der eine Wahrscheinlichkeitsverteilung $\psi(x)$ zugehört. Sie soll zum Unterschied zu gewöhnlichen Variablen fortan Wahrscheinlichkeitsvariable heißen und mit großem Buchstaben bezeichnet werden. Dann bedeutet also X eine gewöhnliche Variable x, der eine Wahrscheinlichkeitsverteilung $\psi(x)$ zugeordnet ist. Wie man mit gewöhnlichen Variablen Funktionen bilden kann, so kann dies auch mit Wahrscheinlichkeitsvariablen geschehen. Derartige Funktionen heißen Wahrscheinlichkeitsfunktionen. In diesem Sinne bedeutet also: $Z = f(X)$: Es gibt eine gewöhnliche Variable x mit einer Verteilung $\psi(x)$. Denkt man sich jeden Wert ihres Geltungsbereiches in die Funktion $z = f(x)$ eingesetzt, so erhält man eine neue Variable z. Der Bereich x ist dann auf den Bereich z abgebildet. Die Funktionen $f(X)$ und $f(x)$ sind formal gleich strukturiert. Die Variable z besitzt eine neue Verteilung, die mit der von x nicht identisch zu sein braucht.

Man kann auch Wahrscheinlichkeitsfunktionen mehrerer Wahrscheinlichkeitsvariablen bilden: $Z = f(X_1; X_2; \dots X_N)$, d. h. es gibt eine Wahrscheinlichkeitsverteilung $\psi(x_1; x_2; \dots x_N)$. Man denkt sich wieder den Bereich der x_ν auf den Bereich z abgebildet, was durch die strukturgleiche Funktion $z = f(x_1; x_2; \dots x_N)$ geschieht. Dann gehört zum Bereich z eine neue Wahrscheinlichkeitsverteilung $\psi(z)$.

Es ist eine der wichtigsten Aufgaben der Statistik, aus der als bekannt angenommenen Verteilung der Grundvariablen x_ν die Verteilung von z mit Hilfe der Wahrscheinlichkeitsrechnung zu bestimmen.

Im Folgenden werden nur stetige Wahrscheinlichkeitsfunktionen behandelt, welche für die Praxis wichtig sind. Es werden keine mathematischen Herleitungen gebracht, sondern die Wahrscheinlichkeitsfunktionen selbst angegeben und ihre Eigenschaften erläutert, soweit sie für die Anwendungen notwendig sind. Die mathematischen Beweise können in jedem Spezialwerk [1], [2], [3] nachgesehen werden. Da die Wahrscheinlichkeitsfunktionen zur Beurteilung von Stichproben wesentlich sind, wird an zwei Beispielen auch ein Spielmodell, Abschn. 3.6, angegeben. Das kann grundsätzlich für jede Wahrscheinlichkeitsfunktion geschehen.

Hinsichtlich der Schreibweise ist Folgendes zu beachten: Wenn eine Wahrscheinlichkeitsfunktion $Z = f(X_1; X_2; \ldots X_N)$ gegeben ist, so hat man es eigentlich mit drei g e w ö h n l i c h e n Funktionen zu tun:

1) Der Wahrscheinlichkeitsverteilung $\psi(x_1; x_2; \ldots x_N)$.

2) Der Funktion $z = f(x_1; x_2; \ldots x_N)$, die strukturgleich der Wahrscheinlichkeitsfunktion ist und den Bereich der x_ν auf z abbildet. Sie soll daher fortan Bereichsfunktion heißen.

3) Der Verteilung der z-Werte $\psi(z)$.

Es ist also zu beachten, daß die Bereichsfunktion immer in kleinen Buchstaben geschrieben wird. Beim Prüfen tritt diese Funktion unter dem Namen P r ü f f u n k t i o n, beim Schätzen unter dem Namen S c h ä t z - f u n k t i o n und bei der Bestimmung von einem Konfidenzintervall unter dem Namen K o n f i d e n z f u n k t i o n auf.

Die Berechnung der Wahrscheinlichkeitsverteilung $\psi(x_1; x_2; \ldots x_N)$ ist einfach, wenn die Wahrscheinlichkeitsvariablen $X_1; \ldots X_N$ voneinander unabhängig sind [4].

Im einfachsten Fall von zwei echten Würfeln in einem genügend großen Becher gilt beim Spiel mit ihnen erfahrungsgemäß folgendes: Die Wahrscheinlichkeit, Würfe mit einem konstanten Merkmalwert x_1 des ersten Würfels zu erhalten, ist unbeeinflußt von dem Wurfergebnis x_2 mit dem zweiten Würfel und gleich 1/6, d.h. gleich dem Eintreten des festen Wertes x_1, wenn mit dem ersten Würfel in demselben Becher allein gespielt wird. Entsprechendes gilt für einen konstanten Merkmalwert x_2, so daß die Wahrscheinlichkeit für eine bestimmte Merkmalkombination $x_1; x_2$ gleich dem Produkt 1/36 ist. Verallgemeinernd kann man dann definieren: Dann und nur dann besteht die Gleichung $\psi(x_1; \ldots x_N) = \psi_1(x_1)\,\psi_2(x_2) \ldots \psi_N(x_N)$, wenn die Wahrscheinlichkeit von N-dimensionalen Merkmalkombinationen mit einem konstanten Merkmalwert x_ν unbeeinflußt von dem Eintreten aller übrigen Merkmalwerte gleich der Wahrscheinlichkeit für denselben Merkmalwert x_1 in der eindimensionalen Wahrscheinlichkeitsverteilung $\psi(x_1)$ für jeden Wert $\nu = 1; 2; \ldots N$ ist.

3.1. Lineare Wahrscheinlichkeitsfunktion einer Veränderlichen

Es gilt folgender Satz:

Die Wahrscheinlichkeitsvariable X hat eine beliebige Wahrscheinlichkeitsverteilung mit dem Durchschnitt μ und der Varianz σ^2. Dann bildet man die Wahrscheinlichkeitsfunktion:

$$Z = a\,X + b \qquad (3.1\text{–}1)$$

Dies bedeutet, daß man sich die Bereichsvariable x mit der Konstanten a multipliziert und zu diesem Produkt b hinzugefügt denkt. Man kann zeigen, daß die Variable Z eine Verteilung hat, deren Durchschnitt ist:

$$\mu_z = a\,\mu + b \tag{3.1-2}$$

und deren Varianz ist:

$$\sigma_z^2 = a^2\,\sigma^2 \tag{3.1-3}$$

Hieraus folgt insbesondere:

1) Wenn $a = 1$ ist, so ist $\sigma_z^2 = \sigma^2$,

$\mu_z = \mu + b$ (Nullpunktverschiebung).

2) Wenn als Lineartransformation genommen wird:

$$Z = \frac{X - \mu}{\sigma} \tag{3.1-4}$$

so daß $a = \dfrac{1}{\sigma}$ und $b = \dfrac{-\mu}{\sigma}$ sind, so ist: $\mu_z = 0$ und $\sigma_z^2 = 1$.

Diese spezielle Transformation ist praktisch und theoretisch wichtig, weil durch sie die Gauß'sche Normalverteilung in die n o r m i e r t e Form verwandelt wird, wie in Abschn. 2.1 gezeigt wurde.

Wenn insbesondere X eine Gauß'sche Normalverteilung hat, so ist auch Z normalverteilt.

3.2. Lineare Wahrscheinlichkeitsfunktion mehrerer Veränderlicher

Es seien X_ν; $\nu = 1, 2, \ldots N$ unabhängige Wahrscheinlichkeitsvariable mit Gauß'schen Normalverteilungen, deren Durchschnitte $\mu_1 = \mu_2 = \ldots = \mu_N = \mu_0$ und deren Varianzen $\sigma_1^2 = \sigma_2^2 = \ldots = \sigma_N^2 = \sigma_0^2$ sind. Dann hat die Wahrscheinlichkeitsfunktion

$$Z = \bar{X} = \frac{X_1 + X_2 + \ldots + X_N}{N} \tag{3.2-1}$$

ebenfalls eine Gauß'sche Normalverteilung mit dem Durchschnitt μ_0 und der Varianz $\dfrac{\sigma_0^2}{N}$.

Im Einzelnen bedeutet dies Folgendes:

Es sei zunächst $N = 2$. Dann gilt für die Bereichsvariablen x_1 und x_2 der Gleichung:

$$z = \frac{x_1 + x_2}{2}$$

falls z als konstant angenommen wird, daß die Menge der x_1- und x_2-Werte sämtlich auf einer Geraden der x_1; x_2-Ebene liegen, welche die Achsen in den Punkten $x_1 = 2z$ und $x_2 = 2z$ schneidet. Der Parameter z hat die Wahrscheinlichkeitsdichte:

$$\psi(z) = \frac{1}{\sigma \sqrt{2\pi}}\, \mathrm{e}^{-\frac{1}{2}\left(\frac{z-\mu_0}{\sigma}\right)^2}; \quad \sigma^2 = \frac{\sigma_0^2}{2} \tag{3.2-2}$$

Ist $N = 3$ und z wieder konstant, so liegt die zugehörige Punktmenge $\mathrm{P}(x_1; x_2; x_3)$ auf einer Ebene, welche die drei Achsen in den Punkten $x_1 = x_2 = x_3 = 3z$ schneidet. Der Parameter z hat die Wahrscheinlichkeitsdichte gemäß Gl. (3.2–2) mit:

$$z = \frac{x_1 + x_2 + x_3}{3} \quad \text{und} \quad \sigma^2 = \frac{\sigma_0^2}{3}$$

Für ein beliebiges ganzzahliges und konstantes z:

$$z = \frac{x_1 + x_2 + \ldots + x_N}{N} = \bar{x} \tag{3.2-3}$$

liegt die Punktmenge $\mathrm{P}(x_1; x_2; \ldots x_N)$ auf einer „Ebene des N-dimensionalen Raumes", welche sämtliche Achsen im Punkte Nz schneidet.

Die zugehörige Wahrscheinlichkeitsdichte ist:

$$\psi(z) = \frac{1}{\sigma \sqrt{2\pi}}\, \mathrm{e}^{-\frac{1}{2}\left(\frac{z-\mu_0}{\sigma}\right)^2}; \quad \sigma = \frac{\sigma_0}{\sqrt{N}} \tag{3.2-4}$$

Hieraus folgt: Es sei $x_\nu; \nu = 1, 2, \ldots N$, eine Stichprobe, wobei x_ν ein Bereichswert der Gauß'schen Normalverteilung mit dem Durchschnitt μ_0 und der Varianz σ_0^2 ist. Dieser Wertekombination entspricht ein Punkt auf der beschriebenen N-dimensionalen Ebene:

$$z = \bar{x} = \frac{x_1 + x_2 + \ldots + x_N}{N}$$

wenn z als konstant angenommen wird. Dies besagt, daß der Durchschnitt jeder derartigen Stichprobe eine Größe z des Bereiches der Wahrscheinlichkeitsfunktion Gl. (3.2–1) ist, dem als Wahrscheinlichkeitsdichte Gl. (3.2–4) zugehört.

Führt man in dem Integral über $\psi(z)$ Gl. (3.2–4) die Transformation

$$u = \frac{z - \mu_0}{\sigma_0} \sqrt{N} \tag{3.2-5}$$

durch, so ist u die Bereichsfunktion der Grundgesamtheit der Wahrscheinlichkeitsfunktion:

$$U = \frac{\bar{X} - \mu_0}{\sigma_0} \sqrt{N} \tag{3.2-6},$$

die eine normierte Gauß'sche Normalverteilung hat, Gl. (3.1–4). Ferner gilt der grundlegend wichtige Satz:

Wenn die Wahrscheinlichkeitsvariablen x_ν; $\nu = 1, 2, \ldots N$, in Gl. (3.2–1) keine Normalverteilung besitzen, so nähern sich mit $N \to \infty$ die Verteilungen von Gl. (3.2–1) asymptotisch einer Gauß'schen Normalverteilung gemäß Gl. (3.2–4), so daß diese dann als A n n ä h e r u n g s f o r m e l benutzt werden kann, wenn N genügend groß ist und $\mu = \mu_0$ bzw. $\sigma^2 = \dfrac{\sigma_0^2}{N}$ genommen wird.

3.3. Chi-Quadrat-Funktion

Diese Wahrscheinlichkeitsfunktion hat im einfachsten Falle die Form:

$$Z = X_1^2 + X_2^2 + \ldots + X_N^2 \qquad (3.3–1)$$

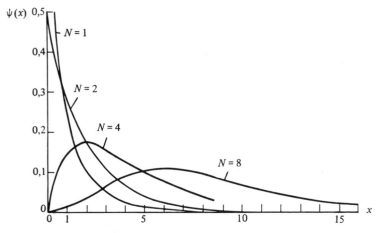

Bild 13. Chi-Quadrat-Verteilungen für verschiedene Werte des Freiheitsgrades n

Wenn die Variablen X_ν; $\nu = 1, 2, \ldots N$, voneinander unabhängig sind und die gleiche Gauß'sche normierte Normalverteilung haben, so besitzt Gl. (3.3–1) eine Wahrscheinlichkeitsverteilung, die unter dem Namen Chi-Quadrat-Verteilung bekannt ist. Sie kann in explizierter Form hingeschrieben werden und ist für einige Werte von N in B i l d 1 3 wiedergegeben. Ihr Durchschnitt ist $\mu = N$ und ihre Varianz $\sigma^2 = 2 N$. Der Freiheitsgrad ist $n = N$.

Im Besonderen gilt für sie Folgendes: Wenn für die Bereichsvariablen x_ν der einzelnen Wahrscheinlichkeitsvariablen X_ν die Bereichsfunktion gesetzt wird:

$$z = x_1^2 + x_2^2 + \ldots + x_N^2 = \chi^2 \qquad (3.3-2)$$

und wenn z als konstant betrachtet wird, so gilt z. B. für $N = 3$, daß die Gesamtheit aller Punkte, welche die Gl. (3.3–2) erfüllen, die Kugelfläche:

$$z = x_1^2 + x_2^2 + x_3^2 = \chi^2 \qquad (3.3-3)$$

mit dem Radius χ bildet. Der Parameter $z = \chi^2$ hat dann die Wahrscheinlichkeitsdichte der Chi-Quadrat-Funktion, für den Fall $N = 3$ in diesem Wert z. Entsprechendes gilt allgemein: Die Gesamtheit der Punkte, welche die Gl. (3.3–2) für ein konstantes z erfüllen, liegt auf der durch Gl. (3.3–2) gegebenen „N-dimensionalen Kugel" ebenfalls mit dem Radius χ.

Ist also eine Stichprobe gegeben: x_ν; $\nu = 1, 2, \ldots N$, wobei x_ν ein Bereichswert der Wahrscheinlichkeitsvariablen X_ν ist und setzt man die x_ν in Gl. (3.3–2) ein, so erhält man einen Wert der Wahrscheinlichkeitsfunktion Gl. (3.3–1), dem die Wahrscheinlichkeitsdichte der Chi-Quadrat-Funktion für den Bereichswert $z = \chi^2$ zugehört.

Mit $N \to \infty$ werden ihr Durchschnitt und ihre Varianz unendlich groß. Man kann nun zeigen, daß die Summenwahrscheinlichkeit $\Psi(Z)$ der Chi-Quadrat-Funktion sich mit $N \to \infty$ asymptotisch der Gauß'schen Summenverteilung mit dem Durchschnitt $\mu = N$ und der Varianz $\sigma^2 = 2N$ annähert.

Dies besagt, daß für genügend große Werte von N die Chi-Quadrat-Verteilung durch die Gauß'sche Normalverteilung ersetzt werden kann:

$$\psi(x) = \frac{1}{\sqrt{4\pi N}} \, e^{-\frac{1}{2}\left(\frac{x-N}{2N}\right)^2} \qquad (3.3-4)$$

3.4. Grundfunktionen mit T- und F-Verteilungen

Für die Beurteilungspraxis sind noch zwei Wahrscheinlichkeitsfunktionstypen wichtig, die wesentlich aus Variablen mit Normal- und Chi-Quadrat-Verteilungen gebildet werden.

T-Verteilung

Es sei X eine Wahrscheinlichkeitsvariable mit einer normierten Gauß'schen Normalverteilung und Y^2 eine von ihr unabhängige Wahrscheinlich-

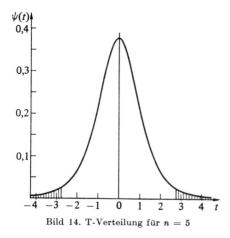

Bild 14. T-Verteilung für $n = 5$

keitsvariable mit einer Chi-Quadrat-Verteilung des Freiheitsgrades $n = 1, 2, \ldots$. Bildet man aus ihnen die Wahrscheinlichkeitsfunktion:

$$Z = \frac{X}{Y} \sqrt{n} \qquad (3.4-1)$$

so hat Z eine sogenannte T-Verteilung, B i l d 14, die aus Symmetriegründen den Durchschnitt $\mu = 0$ für $n = 2, 3, \ldots$ und die Varianz:

$$\sigma^2 = \frac{n}{n-2} \qquad (3.4-2)$$

für $n = 3, 4, \ldots$ hat. Für $n = 1,2$ hat sie keine Varianz. Die Verteilungsfunktion $\psi(z)$ kann in expliziter Form angegeben werden und ist tabelliert (Tabelle 2). Der Freiheitsgrad ist n.

F-V e r t e i l u n g

Es seien Z_1 und Z_2 zwei voneinander unabhängige Wahrscheinlichkeitsvariable mit Chi-Quadrat-Verteilungen und den Freiheitsgraden n_1 und n_2. Dann hat die Wahrscheinlichkeitsfunktion:

$$Z = \frac{Z_1/n_1}{Z_2/n_2} \qquad (3.4-3)$$

für positive Werte von z eine F-Verteilung. Auch sie kann in explizierter Form hingeschrieben werden und ist tabelliert (Tabelle 4).

3.5. Weitere wichtige Funktionstypen

3.5.1. Zur Beurteilung e i n e r Stichprobe

a) Wahrscheinlichkeitsfunktion strukturgleich der Varianz einer Stichprobe

Sie hat die Form:

$$Z = \frac{1}{N-1} \sum_{\nu=1}^{N} (X_\nu - \bar{X})^2 = S^2 \qquad (3.5-1)$$

Die X_ν sind unabhängige Wahrscheinlichkeitsvariable, welche sämtlich eine gleiche beliebige Verteilung mit dem gleichen Durchschnitt μ und der gleichen Varianz σ^2 haben und dem gleichen Merkmalbereich zugehören. Dann hat die Wahrscheinlichkeitsfunktion Z die Durchschnittsgröße $\mu_z = \sigma^2$.

Würde man in Z den Nenner $N - 1$ durch die Größe N ersetzen, so erhält man als Durchschnitt:

$$\mu_z = \frac{N - 1}{N} \sigma^2 \qquad (3.5-2)$$

In diesem Falle hat also die Verteilung nicht den Wert σ^2 als Durchschnitt. Nur für sehr große Werte von N ist dieser Unterschied unmaßgeblich, weil dann der Bruch $\frac{N - 1}{N}$ praktisch den Wert 1 hat.

b) Setzt man als Wahrscheinlichkeitsfunktion an:

$$Z = \frac{1}{\sigma^2} \sum_{\nu = 1}^{N} (X_\nu - \bar{X})^2 \qquad (3.5-3)$$

und nimmt man an, daß die X_ν normalverteilte und voneinander unabhängige Wahrscheinlichkeitsvariablen mit gleichem Durchschnitt μ und gleicher Varianz σ^2 sind, so hat Z eine Chi-Quadrat-Verteilung mit dem Freiheitsgrad $n = N - 1$. Hieraus folgt mit Gl. (3.5–1), daß auch die Wahrscheinlichkeitsfunktion:

$$Z = \frac{S^2}{\sigma^2} (N - 1) \qquad (3.5-4)$$

eine Chi-Quadrat-Verteilung mit dem Freiheitsgrad $n = N - 1$ hat $[7.3.1]$.

c) Man setzt an:

$$X = \frac{\bar{X} - \mu}{\sigma} \sqrt{N}, \text{ mit } \bar{X} = \frac{X_1 + X_2 + \ldots + X_N}{N} \qquad (3.5-5)$$

und

$$Y^2 = \frac{1}{\sigma^2} \sum_{\nu = 1}^{N} (X_\nu - \bar{X})^2 \qquad (3.5-6)$$

Hier sind die X_ν Wahrscheinlichkeitsvariable mit gleichen Gauß'schen Normalverteilungen und voneinander unabhängig. Dann bildet man die Wahrscheinlichkeitsfunktion:

$$Z = \frac{X}{Y} \sqrt{N - 1} \qquad (3.5-7)$$

Sie hat die Form von Gl. (3.4–1), wenn man n durch $N-1$ ersetzt, was offenbar unwesentlich ist. Setzt man hier aus den Gln. (3.5–5) und (3.5–6) die Variablen X und Y ein, so erhält man nach Kürzen mit σ die Wahrscheinlichkeitsfunktion:

$$Z = \frac{\bar{X} - \mu}{S} \sqrt{N} \qquad (3.5-8)$$

Sie hat nach Abschn. 3.4 eine T-Verteilung mit dem Freiheitsgrad $n = N - 1$ [7.2.1.2].

3.5.2. Zur Beurteilung zweier Stichproben [7.2.2]

3.5.2.1. Die Differenz ihrer Durchschnitte

Es seien X'_ν; $\nu = 1, 2 \ldots N_1$, und X''_ν; $\nu = 1, 2, \ldots N_2$, unabhängige Wahrscheinlichkeitsvariable mit Gauß'schen Normalverteilungen, die sämtlich die gleiche aber unbekannte Varianz σ^2 haben, während die von X'_ν den gleichen Durchschnitt μ_1 und die von X''_ν den gleichen Durchschnitt μ_2 haben. Dann hat die Wahrscheinlichkeitsfunktion:

$$Z = \frac{(\bar{X}' - \bar{X}'') - (\mu_1 - \mu_2)}{S} \sqrt{\frac{N_1 N_2}{N_1 + N_2}} \qquad (3.5-9)$$

mit:
$$S^2 = \frac{\sum\limits_{\nu=1}^{N_1} (X'_\nu - \bar{X}')^2 + \sum\limits_{\nu=1}^{N_2} (X''_\nu - \bar{X}'')^2}{N_1 + N_2 - 2}$$

eine T-Verteilung mit dem Freiheitsgrad $n = N_1 + N_2 - 2$.

Wenn N_1 und N_2 sich nicht wesentlich voneinander unterscheiden, kann statt Gl. (3.5–9) die einfachere Näherungsformel benutzt werden:

$$Z = \frac{(\bar{X}'_1 - \bar{X}'') - (\mu_1 - \mu_2)}{\sqrt{\dfrac{S_1^2}{N_1} + \dfrac{S_2^2}{N_2}}} \qquad (3.5-9a)$$

die ebenfalls den Freiheitsgrad $\mu = N_1 + N_2 - 2$ hat. Hier haben S_1^2 und S_2^2 die Form:

$$S_\nu^2 = \frac{S_{x\bar{x}}^{(\nu)}}{N_\nu - 1}; \quad \nu = 1, 2 \text{ [Gl. (1.1–7)]}$$

3.5.2.2. Vergleich ihrer Varianzen [7.3.2]

Es seien X'_ν, $\nu = 1, 2, \ldots N_1$, und X''_ν, $\nu = 1, 2, \ldots N_2$, unabhängige und normalverteilte Wahrscheinlichkeitsvariable, wobei die X'_ν die Varianz σ_1^2 und die X''_ν die Varianz σ_2^2 haben. Man bildet nach Gl. (3.5–4):

$$Z_1 = \frac{S_{N_1}'^2 (N_1 - 1)}{\sigma_1^2} \; ; \quad Z_2 = \frac{S_{N_2}''^2 (N_2 - 1)}{\sigma_2^2} \qquad (3.5-10)$$

und setzt in Gl. (3.4–3) ein mit $n_1 = N_1 - 1$; $n_2 = N_2 - 1$.
Dann hat die Wahrscheinlichkeitsfunktion:

$$Z = \frac{S_{N_1}'^2}{S_{N_2}'^2} \cdot \frac{\sigma_2^2}{\sigma_1^2} \qquad (3.5-11)$$

eine F-Verteilung mit den Freiheitsgraden $n_1 = N_1 - 1$ und $n_2 = N_2 - 1$. Ist $\sigma_1^2 = \sigma_2^2$, so erhält man:

$$Z = \frac{S_{N_1}'^2}{S_{N_2}''^2} \qquad (3.5-12)$$

3.5.3. Zur Beurteilung mehrerer Stichproben (Varianzanalyse) *[7.2.3]*

Gegeben seien m Stichproben, die zu Grundgesamtheiten mit Gauß'schen Normalverteilungen gehören, welche sämtlich die gleiche aber unbekannte Varianz σ^2 haben. Es soll geprüft werden, ob ihre Durchschnitte $\mu_1, \ldots \mu_m$ ebenfalls übereinstimmen.

Die Stichproben seien:

$$x'_\nu \; ; \quad \nu = 1, 2, \ldots N_1 \; ; \quad \bar{x}'_{N_1} = \frac{\sum\limits_{\nu=1}^{N_1} x'_\nu}{N_1} \; ;$$

$$\vdots$$

$$x_\nu^{(m)}; \quad \nu = 1, 2, \ldots N_m; \quad \bar{x}_{N_m}^{(m)} = \frac{\sum\limits_{\nu=1}^{N_m} x_\nu^{(m)}}{N_m}$$

Die Summen ihrer Abweichungsquadrate sind:

$$s'_{x\bar{x}} = \sum_{\nu=1}^{N_1} (x'_\nu - \bar{x}')^2 ; \ldots ; \quad s_{x\bar{x}}^{(m)} = \sum_{\nu=1}^{N_m} (x^{(m)} - \bar{x}^{(m)})^2$$

Man bildet die Summe dieser Einzelsummen:

$$\sum_{j=1}^{m} s_{x\bar{x}}^{(j)} = s_{x\bar{x}}' + s_{x\bar{x}}'' + \ldots + s_{x\bar{x}}^{(m)} = u \qquad (3.5-13)$$

Die Größe u ist also die Summe a l l e r Abweichungsquadrate um die m D u r c h s c h n i t t e i n s g e s a m t , d. h.

$$\bar{u} = \frac{u}{N-m} \; ; \quad N = \sum_{j=1}^{m} N_j \qquad (3.5-14)$$

ist ihr Durchschnitt, da $N - m$ die Anzahl der überschüssigen Messungen ist.

Dann bildet man aus den m Stichproben eine G e s a m t s t i c h p r o b e :

$$x_\nu; \; \nu = 1, 2, \ldots N; \quad \bar{x}_N = \frac{\sum\limits_{\nu=1}^{N} x_\nu}{N} \; ; \quad s_{x\bar{x}} = \sum_{\nu=1}^{N} (x_\nu - \bar{x})^2$$

Die Differenz:

$$s_{x\bar{x}} - \sum_{j=1}^{m} s_{x\bar{x}}^{(j)} = d \qquad (3.5-15)$$

gibt also den Unterschied zwischen der Summe $s_{x\bar{x}}$ der Abweichungsquadrate um den Durchschnitt $\bar{x}$ der G e s a m t s t i c h p r o b e und der Summe der Abweichungsquadrate um die Durchschnitte $\bar{x}_{N_j}^{(j)}$ der m einzelnen Stichproben, aus denen die Gesamtstichprobe besteht. Der Durchschnitt dieses Unterschiedes d ist dann:

$$d = \frac{d}{m-1} \qquad (3.5-16)$$

Der Quotient aus d und $\bar{u}$ ist:

$$Z = \frac{d}{\bar{u}} \qquad \cdot \qquad (3.5-17)$$

Wenn man ihn als Wahrscheinlichkeitsfunktion betrachtet, so hat er eine F-Verteilung mit den Freiheitsgraden $n_1 = m - 1$ und $n_2 = N - m$, wenn die m einzelnen Stichproben zu Grundgesamtheiten mit gleicher Varianz und gleichem Durchschnitt gehören.

Bei der Ausrechnung ist zu beachten:

$$s_{x\bar{x}}^{(j)} = \sum_{\nu=1}^{N_j} \left(x_\nu^{(j)2} - \frac{T_j^2}{N_j} \right) ; \quad T_j = \sum_{\nu=1}^{N_j} x_\nu^{(j)}$$

$$s_{x\bar{x}} = \sum_{\nu=1}^{N} x_\nu^2 - \frac{T^2}{N} ; \quad T = \sum_{\nu=1}^{N} x_\nu \qquad (3.5\text{--}18)$$

$$d = \sum_{j=1}^{m} \left(\frac{T_j^2}{N_j} \right) - \frac{T^2}{N} ; \quad N = \sum_{\nu=1}^{N_j} N_j$$

Für den Fall $\mu_1 = \mu_2$ ist Gl. (3.5–9) ein Spezialfall von Gl. (3.5–18), wie man zeigen kann.

3.6. Spielmodelle zu Wahrscheinlichkeitsfunktionen (Urnenmodell)

Das Wesen einer Wahrscheinlichkeitsfunktion zum Unterschied zu einer gewöhnlichen Funktion wird deutlicher erkennbar, wenn man zu ihr ein Spielmodell konstruiert. Dies soll im Folgenden an den beiden wichtigsten geschehen.

3.6.1. Funktion strukturgleich dem Durchschnitt einer Stichprobe

Sie hat die Form:

$$Z = \frac{X_1 + X_2 + \ldots + X_N}{N} \qquad (3.6\text{--}1)$$

und ist in Abschn. 3.2 besprochen worden. Nun soll für den Fall, daß alle Wahrscheinlichkeitsvariablen X_ν unabhängig und normalverteilt sind, das Spielmodell angegeben werden. Dazu benötigt man für jede Variable X_ν eine Gauß'sche Normalverteilung, die angenähert folgendermaßen hergestellt werden kann: Man teilt die x-Achse, über der diese Verteilung als Kurve aufgetragen ist, in gleiche, sehr schmale Abschnitte und zwar, vom Durchschnitt μ aus beginnend, nach beiden Seiten. Es genügt, praktisch bis zur Entfernung $\pm 3 \sigma$ zu gehen. Dann schichtet man gleich dünne abschnittsgleiche Plättchen so oft übereinander, bis sie die Ordinate der Mitte des betreffenden Abschnittes gerade noch überdecken. Alle Plättchen des gleichen Abschnittes erhalten als Aufschriftszahl x_i die Abschnittsmitte, die in B i l d 15 angegeben ist. Sämtliche Plättchen aller Abschnitte werden in eine Urne getan und gut durchgeschüttelt. Auf diese Weise stellt man für j e d e der N Wahrscheinlichkeitsvariablen X_ν eine Urne her, so daß jeder eine Grundgesamtheit mit Gauß'scher Normalverteilung zugehört. Dann beginnt man mit der Ziehung, indem man der

Reihe nach aus jeder Urne ein Plättchen zieht, die Aufschriftszahl hinschreibt, das Plättchen in die Urne zurücklegt und wieder gut durchschüttelt. So erhält man eine Stichprobe aus N Zahlen, von der man den Durchschnitt bildet. Die erhaltene Durchschnittsgröße ist ein Wert der Wahrscheinlichkeitsfunktion Gl. (3.6–1). Daraus ergibt sich:

Da im hier anstehenden Falle sämtliche X_ν normalverteilt mit gleicher Verteilung, d. h. ihre Durchschnitte $\mu = \mu_0$ und Varianzen $\sigma^2 = \sigma_0^2$ gleich sind, ist die Wahrscheinlichkeitsvariable Z Gl. (3.6–1) ebenfalls normalverteilt mit dem gleichen Durchschnitt μ_0 wie die X_ν, aber die Varianz der Verteilung von Z ist $\frac{\sigma_0^2}{N}$. Die erhaltene Verteilung $\psi(z)$ ist also schmaler. Man teilt nun die $z = \bar{x}$-Achse in sehr schmale, aber untereinander gleiche Abschnitte der Breite k, wobei man wieder vom Durchschnittswert μ aus nach beiden Seiten geht.

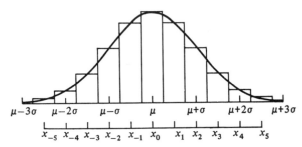

Bild 15. Schematische Veranschaulichung der Überdeckung der Kurve einer Gauß'schen Normalverteilung durch schmale dünne Plättchen

Der Durchschnittswert der aus den N Urnen gezogenen Aufschriftszahlen der Stichprobe gehört zu einem dieser Abschnitte. Auf diese Weise stellt man sehr viele Stichproben her und ordnet ihre Durchschnitte ihren Abschnitten zu. Dann bestimmt man die relative Häufigkeit der Durchschnitte, die in jeden Abschnitt gefallen sind. Die so erhaltene relative Häufigkeitsverteilung, geteilt durch k, nähert sich im Sinne der in Abschn. 1.3.3 gemachten Darlegungen der Gauß'schen Normalverteilung mit $\mu = \mu_0$ und $\sigma^2 = \frac{\sigma_0^2}{N}$ um so genauer an, je größer die Zahl der gezogenen Stichproben ist. Damit ist das Spielmodell hergestellt.

3.6.2. Chi-Quadrat-Funktion

Sie hat die Form:
$$Z = X_1^2 + X_2^2 + \ldots + X_N^2 \qquad (3.6\text{–}2)$$

Man ordnet in der in Abschn. 3.6.1 beschriebenen Weise jeder Wahrscheinlichkeitsvariablen X_ν, die normiert normalverteilt und unabhängig sind, eine Urne zu. Nur schreibt man nun auf jedes Plättchen nicht die Abschnittsmitte x_i als Merkmalzahl, sondern ihr Quadrat, d. h. x_i^2. Zieht man aus den N Urnen der Reihe nach je ein Plättchen und addiert die so gezogenen Zahlen, so erhält man einen Wert z, der Wahrscheinlichkeitsfunktion, Gl. (3.6–2), ist. Denkt man sich eine genügend große Anzahl von Stichproben gezogen und ihren jeweiligen Wert z errechnet, so kann man sie in Klassen gleicher Breite k auf der z-Achse einteilen. Die Klassen mögen als Klassenmitte den Wert k_i haben und die Anzahl der z-Werte, welche in die Klasse k_i fallen, sei n_i. Dividiert man n_i durch die Anzahl n der erhaltenen z-Werte, so erhält man die relative Häufigkeit n_i/n. Die Verteilung der Werte n_i/n k über alle Klassen der Breite k nähert sich um so mehr einer Chi-Quadrat-Verteilung mit dem Freiheitsgrad N an, je größer die Anzahl der gezogenen Stichproben ist. (Vergleiche die Ausführungen in Abschn. 1.3.3.) Damit ist das Spielmodell zur Wahrscheinlichkeitsfunktion Gl. (3.6–2) hergestellt.

Aus diesen Spielmodellen erkennt man deutlich den Charakter einer Stichprobe. Jedes ihrer Einzelelemente muß unabhängig von den anderen sein und Zufallscharakter haben! Beachtet man dies bei empirisch erhaltenen Serien nicht, kann es leicht zu Fehlschlüssen kommen.

4. Beurteilungsarten

Im folgenden werden zwei Beurteilungsarten besprochen: Das Prüfen und das Schätzen. Beim Prüfen untersucht man, ob Stichproben einer bekannten Verteilung einer Grundgesamtheit oder einem bestimmten Wert eines ihrer Parameter zugeordnet werden können. Beim Schätzen untersucht man, welche Größe oder welchen Größenbereich ein unbekannter Parameter einer bekannten Grundgesamtheit haben kann, wenn er einer Stichprobe zugeordnet werden soll. Beim Prüfen werden also Stichproben einer bestimmten Grundgesamtheit, beim Schätzen Grundgesamtheiten einer bestimmten Stichprobe zugeordnet. Es liegt im Wesen der Statistik, daß die Antworten nicht mit absoluter Sicherheit gegeben werden können, sondern nur mit Wahrscheinlichkeit, die natürlich möglichst groß sein soll.

Die auf Grund einer statistischen Methode getroffene Entscheidung gilt prinzipiell nur für die Grundgesamtheit, die ihrer Natur nach ein reines Gedankenmodell ist. Die Frage, inwieweit ihr ein bestimmtes, empirisch erhaltenes Datenmaterial zugeordnet werden kann, ist ein Problem, das für jede empirische Wissenschaft besteht. Es ist verhältnismäßig überschaubar bei einem Spielmodell, das man jeder Wahrscheinlichkeitsverteilung zuordnen kann, wie in Abschn. 3.6.1 und Abschn. 3.6.2 an zwei Beispielen gezeigt ist. Hier ist die Wirklichkeitsbedeutung eines Merkmals umkehrbar eindeutig, und der Spielprozeß selbst ist isoliert betrachtet. Nur wenn dies möglich ist, sind die getroffenen Entscheidungen stichhaltig. Das ist jedoch in manchen Gebieten nicht der Fall, wie z.B. in der Meteorologie, Biologie und Medizin, wenn ein untersuchter Prozeß innerhalb oder in Verbindung mit einem Organismus verläuft, aus dem er meistens nicht isoliert werden kann, wie in einem Spielmodell, so daß er grundsätzlich immer mehr oder weniger Umgebungseinflüssen unterliegt. Dies Problem ist besonders dringlich und auch oft schwierig lösbar, wenn mehrere Arzneien gleichzeitig verabreicht werden. In diesen Fällen muß zumindest noch ein Gütemaß der getroffenen Entscheidung berechnet werden und ggf. müssen auch mehrere Versuchsreihen unter verschiedenen Bedingungen ausgeführt werden. Für beide Fälle sind im folgenden mannigfache Methoden angeboten.

4.1. Prüfen

Man unterscheidet im wesentlichen zwei Arten von Prüfungen:

1) Die Wahrscheinlichkeitsverteilung der Grundgesamtheit, zu der die Stichprobe gehört, wird als bekannt angenommen. Es wird geprüft, ob die Stichprobe zu einer bestimmten Größe eines ihrer Parameter gehört oder nicht. In der Fehlerrechnung hieße das z.B. folgendes: Man hat in einem w i r k l i c h e n Dreieck die Summe der Winkel gemessen und durch Wiederholung dieser Messungen eine Stichprobe erhalten. Es wird geprüft, ob deren Ausfall mit der Annahme verträglich ist, daß die Winkelsumme des Dreiecks 180° beträgt. Hier wird vorausgesetzt, daß die zugehörige Grundgesamtheit eine Gauß'sche Normalverteilung ist. Bei einer Serienfabrikation könnte man mit Hilfe einer Stichprobe prüfen, ob ihre Genauigkeit mit dem Sollwert verträglich ist oder nicht. Dabei wird vorausgesezt, daß der Fabrikationsprozeß an sich in Ordnung ist. Geprüft wird also nur die Feinheit der Einstellung.

2) Die Wahrscheinlichkeitsverteilung selbst ist unbekannt. Es wird geprüft, ob die relative Häufigkeitsverteilung einer Stichprobe einer bestimmten Wahrscheinlichkeitsverteilung zugeordnet werden kann oder nicht. Im Beispiel der Fehlerrechnung wird also geprüft, ob überhaupt z.B. eine Gaußsche Normalverteilung zugrunde liegt oder nicht. Im Beispiel der Serienproduktion wird geprüft, ob der Fabrikationsprozeß selbst noch in Ordnung ist.

In /8/ werden drei typische Beispiele gerechnet, das erste mit stetiger Wahrscheinlichkeitsverteilung, das zweite mit diskreter, aber unendlich großem Wahrscheinlichkeitsverteilungsbereich und das dritte mit diskreter, aber endlichem Wahrscheinlichkeitsverteilungsbereich.

4.1.1. Prüfen eines Parameters

Es geht um die Beantwortung der Frage: Kann eine Stichprobe einem bestimmten Parameter zugeordnet werden, wenn die Wahrscheinlichkeitsverteilung der Grundgesamtheit bekannt ist. Um die Frage eindeutig beantworten zu können, stellt man eine klare Alternativfrage. Grundsätzlich kommen drei Möglichkeiten vor:

1) Kann die Stichprobe dem Parameter $u = u_0$ zugerechnet werden oder einem Parameter $u > u_0$? ($u < u_0$ ist unwesentlich.)

2) Kann die Stichprobe dem Parameter $u = u_0$ zugerechnet werden oder einem Parameter $u < u_0$? ($u > u_0$ ist unwesentlich.)

3) Kann die Stichprobe dem Parameter $u = u_0$ zugerechnet werden oder einem Parameter $u \lessgtr u_0$?

Diese drei Fälle werden anschließend einzeln besprochen:

Zu 1: Je nach Art des Parameters wählt man eine passende Prüffunktion $z = f(u_0, x_1, x_2, \ldots x_N)$. Hier ist u_0 der als bekannt angenommene Parameter und die x_ν; $\nu = 1, 2, \ldots N$, sind die Werte der gegebenen Stichprobe. Infolgedessen ist durch die Prüffunktion ein Wert z_p bestimmt, der Prüfwert heißen soll. Ist z. B. $u_0 = \mu_0$ der Durchschnitt einer Gauß'-schen Normalverteilung, so ist Gl. (3.2–5) eine Prüffunktion, wenn die Varianz σ^2 der Grundgesamtheit gegeben ist. Ist letzteres nicht der Fall, so ist Gl. (3.5–8), mit kleinen Buchstaben $\bar{x}$ und s geschrieben, die Prüffunktion. Die Größe z_p ist ein Wert einer Wahrscheinlichkeitsfunktion, die strukturgleich der Prüffunktion, wie z.B. Gl. (3.2–6) bzw. Gl. (3.5–8) ist, d.h. sie besitzt eine Wahrscheinlichkeitsverteilung $\psi(z)$. Im ersten Falle der beiden Beispiele ist es die normierte Gauß'sche Normalverteilung, im zweiten die T-Verteilung mit dem Freiheitsgrad $n = N - 1$.

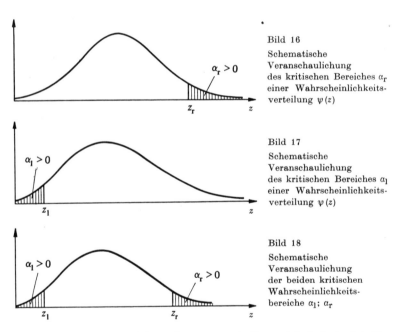

Bild 16
Schematische Veranschaulichung des kritischen Bereiches α_r einer Wahrscheinlichkeitsverteilung $\psi(z)$

Bild 17
Schematische Veranschaulichung des kritischen Bereiches α_l einer Wahrscheinlichkeitsverteilung $\psi(z)$

Bild 18
Schematische Veranschaulichung der beiden kritischen Wahrscheinlichkeitsbereiche α_l; α_r

Nun wählt man ein Risikomaß $0 < \alpha_r \ll 1$. Geometrisch bedeutet dies die schraffierte Fläche unter der Kurve der Verteilung $\psi(z)$, wie in Bild 16 angedeutet ist. Sie wird links durch einen Wert z_r begrenzt, der einer Tabelle der $\psi(z)$-Verteilung entnommen werden kann. Ist nun $z_p \leq z_r$, so gehört die Stichprobe zum nichtschraffierten Bereich; ist $z_p > z_r$, so gehört sie zum schraffierten Bereich. Der letzte hat die geringe Wahrscheinlichkeit α_r. Infolgedessen ist das Erscheinen einer Stichprobe, deren Wert z_p in ihm liegt, praktisch unwahrscheinlich, während das Erscheinen einer Stichprobe mit dem Prüfwert z_p innerhalb des nichtschraffierten Bereiches sehr wahrscheinlich ist. Das führt zu der Entscheidung: Wenn $z_p \leq z_r$, so ist die Annahme erlaubt, daß die zugehörige Stichprobe zur Grundgesamtheit mit dem Parameter $u = u_0$ gezählt wird und nicht zu $u > u_0$. Ist $z_p > z_r$, so wird sie zu $u > u_0$ und nicht zu $u = u_0$ gezählt.

Zu 2: Im zweiten Falle wird ein Risikomaß $0 < \alpha_l \ll 1$ vorgeschrieben, nur wird die Fläche jetzt von links her gezählt, wie B i l d 17 andeutet. Dazu wird wiederum mit Hilfe der Tabelle der Verteilung der Prüffunktion in Abhängigkeit von N ein Wert $z = z_1$ bestimmt und aus der Prüffunktion zu der gegebenen Stichprobe der Prüfwert z_p berechnet. Ist $z_p \geq z_1$, so wird die Stichprobe zum Parameter $u = u_0$ und nicht zu $u < u_0$ gerechnet, ist $z_p < z_1$, so wird sie zu einem Parameter $u < u_0$ gezählt und nicht zu $u = u_0$.

Zu 3: Im dritten Falle wird sowohl ein Risikomaß links α_l wie rechts α_r vorgeschrieben, wie in B i l d 18 schematisch angegeben ist. Zweckmäßig wählt man zunächst α und setzt $\alpha_l + \alpha_r = \alpha$. Meist wählt man $\alpha_l = \alpha_r = \alpha/2$. Zu beiden Werten α_l und α_r gehört laut Tabelle der Prüfverteilung wieder ein Wert $z = z_1$ bzw. $z = z_r$. Dann berechnet man aus der Prüffunktion zu der Stichprobe den Prüfwert $z = z_p$. Liegt z_p zwischen z_1 und z_r, $z_1 \leq z_p \leq z_r$, so zählt man die Stichprobe zum Parameter $u = u_0$, im anderen Falle zu einem $u \lessgtr u_0$.

Erfüllt eine Stichprobe eine der drei Bedingungen, so sagt man, daß sie signifikant zum Parameter $u = u_0$ gehört und nicht zu der betreffenden Alternative.

4.1.2. Beurteilung des Tests [7.2.1.1]

4.1.2.1. Gütemaß

Angenommen sei, daß eine Stichprobe des Umfangs N mit dem Durchschnitt $\bar{x}$ vorliegt, von der geprüft werden soll, ob sie zu einer Gauß'schen Normalverteilung mit dem Durchschnitt $\mu = \mu_0$ gezählt werden kann oder zu einer der in Abschn. 4.1.1 angegebenen Alternativen. Es sei die Varianz σ^2 als bekannt angenommen, wie im Beispiel [7.2.1.1]. Dann gehört zu ihr die normierte Gauß'sche Normalverteilung $\varphi(z)$ mit:

$$z = \frac{\bar{x} - \mu_0}{\sigma} \sqrt{N} \qquad (4.1-1)$$

nach Gl. (3.2−5).

Es gehe nun zunächst um die Alternative $\mu > \mu_0$. Dann gehört zu jedem Durchschnitt μ eine nichtnormierte Gauß'sche Normalverteilung der gleichen Varianz $\dfrac{\sigma^2}{N}$, wenn man in Gl. (4.1−1) μ_0 durch μ ersetzt denkt, wobei gilt $-\infty < \mu < +\infty$. In B i l d 19 sind die Verhältnisse schematisch dargestellt.

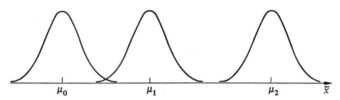

Bild 19. Gauß'sche Normalverteilungen gleicher Varianz
verschiedenen Durchschnitten zugeordnet

Zu dem vorgegebenen Risiko α_r gehört zunächst ein kritischer Wert z_r im Bereich der n o r m i e r t e n Gauß'schen Normalverteilung und damit zur Verteilung mit $\mu = \mu_0$ auch ein Wert $\bar{x}_r$, der aus:

$$z = \frac{\bar{x} - \mu_0}{\sigma} \sqrt{N} \qquad (4.1-2)$$

errechnet wird; d. h.:

$$\bar{x}_r = \frac{z_r \, \sigma}{\sqrt{N}} + \mu_0 \qquad (4.1-3)$$

Er ist in B i l d 20 eingezeichnet. Andererseits ist Gl. (4.1–1) die Prüffunktion. Setzt man in sie für $\bar{x}$ den Stichprobendurchschnitt mit bekanntem μ_0 ein, so erhält man den Prüfwert z_p. Nun sind zwei Fälle zu unterscheiden (Bild 20):

a) $z_p > z_r$

Dann liegt $x_p > \bar{x}_r$ rechts von $\bar{x}_r$, da $x_p = \frac{z_p \, \sigma}{\sqrt{N}} + \mu_0$ mit Gl. (4.1–3)

gilt. Damit liegt x_p im Grundbereich des Flächenteiles α_r. Daher wird die Stichprobe nicht zum Durchschnitt μ_0 gezählt, obwohl sie an sich noch zu ihr gehört. Man nimmt also den Bruchteil α_r an Fehlentscheidungen in Kauf. Gleichzeitig liegt aber auch x_r auch im Grundbereich von $\beta(\mu)$ der zum Durchschnitt μ gehörigen Verteilungskurve. Die Wahrscheinlichkeit, zur Alternative $\mu > \mu_0$ zu gehören, ist also $\beta(\mu)$. Es sollte α_r klein und $\beta(\mu)$ groß sein, was aber nicht unbeschränkt möglich ist, da mit kleinerem α_r auch $\beta(\mu)$ Bild 20 kleiner wird. Wenn μ_0 und α_r vorgegeben ist, so bestimmt $\beta(\mu)$ das Gütemaß des Testes in bezug auf $\mu > \mu_0$.

b) $z_p \leq z_r$

Dann liegt x_p im Grundbereich von $1 - \alpha_r$, d. h. die Wahrscheinlichkeit einer Stichprobe, in diesem Bereich zu liegen, ist $1 - \alpha_r$. Gleichzeitig liegt x_p jedoch auch im Grundbereich der Fläche $1 - \beta(\mu)$, die zur Verteilungskurve des Durchschnitts μ gehört. Da man sich entscheidet, die Stichprobe zu μ_0 und nicht zu $\mu > \mu_0$ zu zählen, sollte $1 - \alpha_r$ groß, d. h. α_r klein und auch $1 - \beta(\mu)$ klein, d. h. $\beta(\mu)$ groß sein. Bei vorgegebenem μ_0 und α_r gibt also auch in diesem Fall $\beta(\mu)$ das Gütemaß des Testes in bezug auf $\mu > \mu_0$ an.

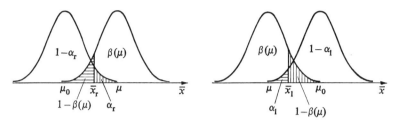

Bild 20 und 21. Schematische Veranschaulichung des Gütemaßes $\beta(\mu)$ für die Alternative $\mu > \mu_0$ (links) und $\mu < \mu_0$ (rechts)

Geht es um die Alternative $\mu < \mu_0$, so ist in B i l d 21 das Risikomaß α_l vorgegeben, zu dem wieder ein kritischer Wert z_l und damit nach Gl. (4.1–2) auch ein kritischer Wert x_l gehört. Der Prüfwert sei z_p, zu dem ein entsprechender Prüfwert $\bar{x}_p$ gehört, d. h.

$$\bar{x}_l = \frac{z_l\,\sigma}{\sqrt{N}} + \mu_0, \quad \bar{x}_p = \frac{z_p\,\sigma}{\sqrt{N}} + \mu_0 \qquad (4.1\text{–}3a)$$

wobei z_l und z_p negativ sind.

Wenn $|z_p| \leq |z_l|$ ist, ist also $\bar{x}_p \geq \bar{x}_l$. Dies bedeutet, daß x_l sowohl im Grundbereich $1 - \alpha_l$ zur Verteilungskurve mit dem Durchschnitt μ_0, wie auch im Grundbereich von $1 - \beta(\mu)$ der Verteilungskurve mit dem Durchschnitt μ gehört. Nun wird entschieden, daß die Stichprobe zum Durchschnitt μ_0 und nicht zu einem $\mu < \mu_0$ gehört. Es sollte also $1 - \alpha_l$ groß und $1 - \beta(\mu)$ klein sein, d. h. es sollte α_l klein und $\beta(\mu)$ groß sein. Bei vorgegebenem α_l ist also $\beta(\mu)$ wieder das Gütemaß des Testes in bezug auf $\mu < \mu_0$.

Wenn $|z_p| > |z_l|$, so liegt x_p sowohl im Grundbereich der Fläche α_l unter der Verteilungskurve mit dem Durchschnitt μ_0 und zugleich andererseits im Grundbereich von $\beta(\mu)$ der Verteilungskurve mit dem Durchschnitt μ. Wieder sollte α_l klein und $\beta(\mu)$ groß sein, d. h. bei vorgegebenem μ_0 und α_l gibt wieder $\beta(\mu)$ das Gütemaß des Testes in bezug auf $\mu < \mu_0$.

Der Fall der Alternative $\mu \lessgtr \mu_0$ ist eine Kombination der beiden besprochenen Fälle und soll nicht genauer durchgeführt werden.

Bei vorgegebenem Risikomaß α_r ist $\beta(\mu)$ eine Funktion von μ. Im Falle der Alternative $\mu > \mu_0$ besteht nach Bild 20 Folgendes:

$$1 - \beta(\mu) = \Phi\left(\frac{\bar{x}_r - \mu}{\sigma}\sqrt{N}\right); \quad \beta(\mu) = 1 - \Phi\left(\frac{\bar{x}_r - \mu}{\sigma}\sqrt{N}\right) \qquad (4.1\text{–}4)$$

Im Falle der Alternative $\mu < \mu_0$ gilt nach Bild 21 Folgendes:

$$\beta(\mu) = \Phi\left(\frac{\bar{x}_1 - \mu}{\sigma}\sqrt{N}\right) \qquad (4.1-5)$$

Im Falle der Alternative $\mu \lessgtr \mu_0$ gilt die Summe aus den Gln. (4.1–4) und (4.1–5), so daß ist:

$$\beta(\mu) = 1 + \Phi\left(\frac{\bar{x}_1 - \mu}{\sigma}\sqrt{N}\right) - \Phi\left(\frac{\bar{x}_r - \mu}{\sigma}\sqrt{N}\right) \qquad (4.1-6)$$

Da x_1 links von x_r liegt, ist immer:

$$\Phi\left(\frac{\bar{x}_1 - \mu}{\sigma}\sqrt{N}\right) < \Phi\left(\frac{\bar{x}_r - \mu}{\sigma}\sqrt{N}\right)$$

d. h. $\beta(\mu) < 1$.

4.1.2.2. *Operationscharakteristik und Fehlerabschätzung*

Wenn bei den im vorigen Abschnitt geschilderten Alternativentscheidungen nach Wahl von α und β aufgrund der Größe des Prüfwertes $\bar{x}$ einer Stichprobe eine Entscheidung getroffen wird, so kann sie richtig oder falsch sein. Dabei ist eine Entscheidung für den Wert μ_0 der Grundgesamtheit, aus der die Stichprobe stammt, richtig, wenn bei der Entscheidung für $\mu = \mu_0$ die Grundgesamtheit tatsächlich den Parameterwert $\mu = \mu_0$ hat, und bei einer Entscheidung für einen bestimmten andern Wert μ_1 die Grundgesamtheit ebenfalls diesen Wert $\mu = \mu_1$ hat. Über die auftretenden Möglichkeiten gibt die folgende Übersicht Auskunft:

| | | Unbekannte Grundgesamtheit | |
		$\mu = \mu_0$	$\mu = \mu_1$
Ent-scheidung	für $\mu = \mu_0$ d. h. gegen $\mu = \mu_1$	richtig mit $W = 1 - \alpha$	falsch mit $W = 1 - \beta$
	gegen $\mu = \mu_0$ d. h. für $\mu = \mu_1$	falsch mit $W = \alpha$	richtig mit $W = \beta$

Es gibt zwei Fehlermöglichkeiten:

Fehler 1. Art: Die Entscheidung g e g e n $\mu = \mu_0$ wird getroffen, obwohl sie richtig ist, d. h. obwohl $\mu = \mu_0$ ist. Diese Entscheidung erfolgt mit der Wahrscheinlichkeit α, wie die Übersicht zeigt. Dann heißt α der Fehler 1. Art.

Fehler 2. Art: Die Entscheidung f ü r $\mu = \mu_0$ wird getroffen, obwohl sie falsch ist, d. h. obwohl $\mu = \mu_1$ ist. Bei dieser Entscheidung wird nach der Übersicht ein Fehler $1 - \beta$ gemacht. Er heißt Fehler 2. Art.

Es genügt also nicht, nur den Fehler 1. Art zu kennen, sondern man muß auch den Fehler 2. Art berücksichtigen. Entscheidet man sich z. B. aufgrund der Prüfvorschrift für $\mu = \mu_0$, so besteht z. B. beim Fall 3 im vorigen Abschnitt die Alternative, daß auch sein könnte $\mu \gtrless \mu_0$. Käme z. B. ein Wert $\mu = \mu_1 \gtrless \mu_0$ als Alternative in Frage, so ist die Entscheidung für μ_0 nur tragbar, wenn der Fehler 2. Art für diesen Wert μ_1 genügend klein ist. Es ist also wichtig, bei einer Entscheidung für μ_0 auch den Fehler für jeden möglichen Wert $\mu \gtrless \mu_0$ der Alternative zu kennen. Er ist nach Gl. (4.1–6):

$$W(\mu) = 1 - \beta(\mu) = \Phi \left(\frac{\bar{x}_r - \mu}{\sigma} \sqrt{N} \right) - \Phi \left(\frac{\bar{x}_1 - \mu}{\sigma} \sqrt{N} \right) \qquad (4.1\text{–}7)$$

d. h. er ist eine Funktion von μ und N. Sie ist im B i l d 22 für zwei verschiedene Werte des Stichprobenumfangs schematisch eingezeichnet und heißt Operationscharakteristik, kurz OC-Funktion oder OC-Kurve genannt.

Hieraus ersieht man: Wenn z. B. für einen Wert $N = N_1$ ein bestimmter Wert $\mu = \mu_1$ die vorgeschriebene Kleinheit ε (Bild 22) des Fehlers 2. Art nicht erreicht, d. h. der Wert $W(\mu) > \varepsilon$ ist, so gibt es sicher einen Umfang $N > N_1$, für den der Fehler 2. Art den vorgeschriebenen Wert ε für den gleichen Alternativwert $\mu = \mu_1$ unterschreitet. Umgekehrt: Falls für einen bestimmten Alternativwert μ_1 die Größe ε des vorgeschriebenen Fehlers 2. Art unterschritten wird, so könnte es sein, daß dies auch schon bei einem kleineren Umfang N geschieht. Es besteht daher der Wunsch, den Umfang nicht unnötig groß bei einem Test zu nehmen. Dies ermöglichen die sogenannten Folgetests, die im zweiten Band ausführlich besprochen werden. Zwischen dem Gütemaß $\beta(\mu)$ und der Operationscharakteristik $W(\mu)$ besteht die Beziehung:

$$\beta(\mu) = 1 - W(\mu) \qquad (4.1\text{–}8)$$

Das bei Gauß'schen Normalverteilungen beschriebene Verfahren gilt analog auch für andere Verteilungen. Immer enthält die Prüffunktion den Vergleichsparameter u, so daß man über jeden seiner Werte die Verteilung der Prüffunktion auftragen kann, wodurch dann eine Darstellung wie Bild 19 entsteht, bei der statt der Gauß'schen Normalverteilung die in Frage kommende andere Verteilung aufgetragen wird. Im Beispiel [7.2.1.2] ist es die T-Verteilung mit dem Freiheitsgrad $n = N - 1$, wobei der Verteilungsbereich $- \infty < x < + \infty$ ist. Im Beispiel [7.3.1.1] ist es die Chi-Quadrat-Verteilung mit dem Freiheitsgrad $n = N - 1$, deren Grundbereich $0 \leqq x < + \infty$ ist.

4.1.3. Prüfen einer Verteilung [8]

Es sei eine Stichprobe x_ν; $\nu = 1, 2, \ldots N$, gegeben, und ihr Umfang N sei groß, so daß man die Gesamtheit der x_ν-Werte in Klassen k_i; $i = 1, 2, \ldots m$,

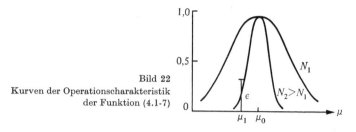

Bild 22
Kurven der Operationscharakteristik
der Funktion (4.1-7)

zusammenfassen kann und jede genügend viele Werte enthält. In der Klasse k_i mögen N_i Werte liegen. Nun sei irgendeine Vergleichsverteilung gegeben. Nach ihr möge die Wahrscheinlichkeit für die Klasse k_i gleich $p(x_i)$ sein. Dann wäre $q_i = N\,p(x_i)$ diejenige Anzahl von Stichprobenwerten, die erwartungsgemäß in der Klasse k_i liegen müßten, wenn die Vergleichsverteilung gelten würde. Das Quadrat der Abweichung zwischen der tatsächlichen Anzahl N_i und der Vergleichszahl q_i dividiert man durch q_i und erhält so das r e l a t i v e Abweichungsquadrat:

$$u_{\mathrm{i}}^2 = \frac{(N_{\mathrm{i}} - q_{\mathrm{i}})^2}{q_{\mathrm{i}}}$$

Die Summe:

$$\chi_0^2 = \sum_{i=1}^{m} u_{\mathrm{i}}^2 \qquad (4.1\text{-}7)$$

ist also 'ein r e l a t i v e s Maß der Abweichung der Häufigkeiten N_i der Stichprobe von den aus der Vergleichsverteilung errechneten Häufigkeiten q_i und kann daher zur Prüfung dienen.

Denn man kann zeigen: Die relativen Häufigkeiten der u_i nähern sich mit $N \to \infty$ einer normierten Gauß'schen Normalverteilung beliebig genau an. Daher nähert sich nach Abschn. 3.3 die Summe aller u_i^2 beliebig genau einer Chi-Quadrat-Verteilung an. Diese hat den Freiheitsgrad $n = m - 1$, weil die Gleichung besteht:

$$\sum_{i=1}^{m} u_{\mathrm{i}} \sqrt{q_{\mathrm{i}}} = 0$$

Liegen r nur geschätzte Parameter zugrunde, so ist $n = m - r - 1$ zu nehmen. Falls die q_i nicht genügend groß sind $(q_i > 5)$, faßt man mehrere Klassen zu einer zusammen, bis diese Bedingung erfüllt ist.

4.1.4. Qualitätskontrolle [7.3.3]

Die Qualitätskontrolle dient dazu, eine Serienproduktion laufend zu überwachen. Zu dem Zwecke entnimmt man Stichproben und prüft, ob

44

sie zu dem Sollwert der Produktion gezählt werden können oder nicht, d. h. grundsätzlich muß dieser bekannt sein. Hauptsächlich kommen in Frage der Durchschnitt und die Varianz. Sind sie nicht bekannt, so kann man sie zunächst aus einer Stichprobe großen Umfangs schätzen, d. h. praktisch dann die aus ihr errechneten Werte als Sollwerte einsetzen.

Natürlich muß auch die Art der Grundgesamtheit bekannt sein, zu der die Sollgrößen als Parameter gehören. Im einfachsten Falle sind dies Grundgesamtheiten mit Gauß'schen Normalverteilungen. Dann bestimmt man zunächst ein Risikomaß: $\gamma = 1 - \alpha$; $\alpha = \alpha_l + \alpha_r$; $\alpha_l = \alpha_r = \dfrac{\alpha}{2}$. Im allgemeinen nimmt man γ nicht unter $0,99$; d. h. man verlangt, daß höchstens 1% der Produktion nicht zu dem Sollwert gehört. Nach Vorgabe von γ bestimmt man in der entsprechenden Tabelle die kritischen Werte z_l und z_r.

Ist der Sollwert der Durchschnitt μ_0, so zieht man die Prüffunktion Gl. (4.1–1) heran und rechnet die zu z_l und z_r gehörigen Grenzwerte $\bar{x}_l$ und $\bar{x}_r$ aus:

$$\bar{x}_l = \frac{z_l \, \sigma}{\sqrt{N}} + \mu_0; \quad \bar{x}_r = \frac{z_r \, \sigma}{\sqrt{N}} + \mu_0; \quad (- z_l = z_r > 0) \qquad (4.1-8)$$

Die Werte $\bar{x}_l$ und $\bar{x}_r$ sind die Kontrollgrenzen. Die laufend zu entnehmenden Stichproben können einen geringen Umfang haben, meistens zwischen 3 und 10. Falls eine dieser Stichproben einen Durchschnitt außerhalb der Kontrollgrenzen hat, entspricht die Produktion nicht mehr den Anforderungen, man stellt den Grund der Abweichung fest, behebt ihn und prüft weiter. Dabei kann man versuchen, zu immer größeren Werten für $\gamma < 1$ überzugehen, d. h. die Qualität zu steigern. Oft werden die Kontrollen automatisch durchgeführt und auf Streifen eingetragen, welche die Kontrollgrenzen enthalten, so daß man sofort feststellen kann, ob die Produktion einwandfrei läuft.

Ist der Sollwert die Varianz σ_0^2, so zieht man die Prüffunktion Gl. (3.5–4) heran. Nach Vorgabe von γ bestimmt man aus der Tabelle 3 die kritischen Werte z_l und z_r. Dann sind:

$$s_l^2 = \frac{z_l \, \sigma_0^2}{N - 1} \qquad s_r^2 = \frac{z_r \, \sigma_0^2}{N - 1} \qquad (4.1-9)$$

die Kontrollgrenzen für die Varianz.

Im Band II wird eine Reihe von Qualitätskontrollen ausführlich behandelt.

4.2. Schätzen

4.2.1. Schätzen eines Parameters

Die im Abschnitt 4 gegebene Erklärung des Schätzens macht man sich am besten an einem Spielmodell genauer klar: Man gibt in eine Urne kleine Plättchen in der Gauß'schen Normalverteilung, wie es im Abschnitt 3.6.1 beschrieben ist. Eine Person, welche die Parameter μ und σ^2 dieser Verteilung der Plättchen nicht kennt, erhält die Aufgabe, diese durch Ziehen einer Stichprobe zu ermitteln. Dann liegt es nahe, daß sie den Durchschnitt $\bar{x}$ und die Varianz s^2 der gezogenen Stichprobe bestimmt und dabei annimmt, daß sie in der Nähe des Durchschnitts μ der in der Urne enthaltenen Wahrscheinlichkeitsverteilung bzw. in der Nähe ihrer Varianz σ^2 liegen. Sie wird diese Annahme für um so berechtigter halten, je größer der Stichprobenumfang ist.

Diese Annahmen sind nicht nur plausibel, sie können mit Hilfe passender Wahrscheinlichkeitsfunktionen auch begründet und präzisiert werden. Für die Bestimmung des Durchschnitts μ der in der Urne enthaltenen Grundgesamtheit aus einer Stichprobe zieht man die Wahrscheinlichkeitsfunktion Gl. (3.6–1) heran, die ja strukturgleich der Formel für den Durchschnitt gebaut ist. Ihre Verteilung hat unter der gemachten Annahme selbst wieder den Durchschnitt μ der Grundgesamtheit in der Urne. Dies bedeutet: Falls sehr viele gleich große Stichproben aus der Urne gezogen und ihre Durchschnitte bestimmt werden, so unterliegen diese Durchschnitte nach Abschn. 3.6.1 einer relativen Häufigkeitsverteilung, die sich i. a. der Wahrscheinlichkeitsverteilung der Wahrscheinlichkeitsfunktion Gl. (3.6–1) um so genauer im Sinne der in Abschn. 1.3.3 gegebenen Ausführungen annähert, je größer die Stichprobenanzahl ist. Da aber ihre Wahrscheinlichkeitsfunktion selbst wieder den Wert μ als Durchschnitt ihrer Verteilung besitzt, häufen sich also die Stichprobendurchschnitte um diesen Wert.

Für die Bestimmung der Varianz σ^2 aus der Stichprobenvarianz s^2 dient die Wahrscheinlichkeitsfunktion strukturgleich der Varianz einer Stichprobe:

$$Z = \frac{1}{N-1} \sum_{\nu=1}^{N} (X_\nu - \bar{X})^2 \qquad (4.2-1)$$

deren Durchschnitt nach Abschn. 3.5.1 den Wert σ^2 hat, der also gleich der Varianz der Grundgesamtheit der Plättchenverteilung in der Urne ist. Das bedeutet: Wenn man sehr viele Stichproben aus der Urne entnimmt und von jeder ihre Varianz bestimmt, so häufen sich im Sinne der Ausführung in Abschn. 1.3.3 diese Varianzwerte um so dichter um den

Durchschnitt $\mu_z = \sigma^2$, wo σ^2 die Varianz der Grundgesamtheit in der Urne ist, je größer die Stichprobenanzahl ist.

Aus diesen Überlegungen ergibt sich, daß man also die Bereichsfunktionen des Durchschnitts Gl. (3.2–3) und der Varianz Gl. (3.5–1) einer Stichprobe zur Schätzung des Durchschnitts bzw. der Varianz der unbekannten Grundgesamtheit heranziehen kann. Man nennt solche Funktionen S c h ä t z f u n k t i o n e n für den gesuchten Parameter. Wenn, wie im besprochenen Falle, der Durchschnitt der Wahrscheinlichkeitsverteilung einer Schätzfunktion mit dem gesuchten Parameterwert übereinstimmt, so nennt man sie erwartungstreu. Für die Praxis ist es also wichtig, daß die angegebenen Schätzfunktionen für den Durchschnitt und die Varianz erwartungstreu sind. Dies gilt übrigens nicht, wenn der Nenner in Gl. (4.2–1) N und nicht $N - 1$ wäre, wie in Abschn. 3.5.1 angegeben ist. Daraus rechtfertigt sich die Wahl $N - 1$ als Nenner in der Formel für die Varianz einer Stichprobe, da eben Gl. (4.2–1) mit dem Nenner N keine Schätzfunktion für den Durchschnitt ist.

Die Erwartungstreue allein ist aber noch kein Zeichen für die G ü t e der Schätzung. Denn die Verteilung der angezogenen Wahrscheinlichkeitsfunktion kann eine große bzw. auch kleine Varianz haben, d. h. diese selbst kann als Vergleichsmaß für die Güte mehrerer erwartungstreuer Wahrscheinlichkeitsfunktionen für den gleichen Parameter dienen. Je kleiner die Varianz ist, um so besser ist sie offenbar. Man nennt deswegen eine Schätzfunktion für einen Parameter „wirksam", wenn die Varianz σ^2 der zugehörigen Verteilung endlich ist und es keine andere Schätzfunktion gibt, deren Varianz noch kleiner als dieser Wert ist.

Man nennt sie darüber hinaus erschöpfend, wenn keine Berechnung zusätzlicher Kennwerte der Stichprobe eine zusätzliche Information ergibt. Natürlich muß hier das, was man unter einer Information dabei versteht, präzisiert werden. Das ist z. B. geschehen: [3] S. 204/5. Es würde den Rahmen dieses Buches überschreiten, näher darauf einzugehen. Für die Praxis ist wichtig, daß die Schätzungen des Durchschnitts μ aus dem Durchschnitt $\bar{x}$ einer Stichprobe und die der Varianz σ^2 aus der Varianz s^2 einer Stichprobe erwartungstreu und erschöpfend sind.

Da die Wahrscheinlichkeitsfunktion Gl. (3.2–1) die Varianz σ^2/N hat, kann sie durch genügend groß gewählten Umfang N der Stichprobe beliebig klein gemacht werden, d. h. auch kleiner als jede Varianz einer von N unabhängigen andern Schätzfunktion. Es gibt natürlich auch noch andere Schätzfunktionen als die hier besprochenen. Eine wichtige Methode zu ihrer Aufstellung ist die Maximum-Likelyhood-Methode. Auf sie kann im Rahmen dieser Darstellung nicht eingegangen werden. Man findet Genaueres in Spezialwerken.

Wesentlich ist, daß geeignete Schätzfunktionen für den Durchschnitt und die Varianz durch die Wahrscheinlichkeitsfunktionen Gln. (3.6–1) und (4.2–1) gegeben sind.

4.2.2. Konfidenzintervall

Auf den Begriff des Konfidenzintervalles kommt man durch die folgende Frage: Es wird angenommen, eine Stichprobe ist aus einer Grundgesamtheit entnommen, deren Wahrscheinlichkeitsverteilung den Parameter u besitzt. Kann man aus der Stichprobe zwei Werte u_u und u_o errechnen, welche den Wert u des Parameters der Grundgesamtheit einschließen? Natürlich kann man aus einer Stichprobe nicht mit Gewißheit ein derartiges Intervall aufstellen; aber man wünscht, dies mit einer vorgegebenen, möglichst großen Wahrscheinlichkeit tun zu können. Die Werte u_u und u_o heißen die Grenzen des Konfidenzintervalles. Das Verfahren zur Bestimmung dieser Grenzen aus irgendeiner Stichprobe, die einer Grundgesamtheit mit dem bestimmten Wert u ihres Parameters entnommen ist, soll an Beispielen behandelt werden.

4.2.2.1. Konfidenzintervall für den Durchschnitt μ einer Grundgesamtheit mit Gauß'scher Normalverteilung bei bekannter Varianz σ^2

In diesem Falle liegt eine Wahrscheinlichkeitsvariable x zugrunde, welche die Wahrscheinlichkeitsverteilung $\psi(x)$ im Abschnitt 2.1 hat. Ihr Parameter μ hat einen bestimmten, aber unbekannten Wert, während σ^2 bekannt ist. Nach Abschnitt 3.2 hat dann die Wahrscheinlichkeitsvariable $\bar{X}$ ebenfalls eine Gauß'sche Normalverteilung mit dem gleichen Durchschnittswert μ; aber mit der Varianz σ^2/N, wenn in:

$$\bar{X} = \frac{X_1 + X_2 + \ldots + X_N}{N}$$

jede Wahrscheinlichkeitsvariable X_ν; $\nu = 1, 2, \ldots N$ die gleiche Wahrscheinlichkeitsverteilung wie X hat.

Dann hat nach dem gleichen Abschnitt die Wahrscheinlichkeitsvariable:

$$Z = \frac{\bar{X} - \mu}{\sigma} \sqrt{N}$$

für einen festen Wert N eine normierte Gauß'sche Normalverteilung, d. h. den Durchschnitt 0 und die Varianz 1.

Gibt man nun ein Risikomaß $\gamma = 1 - \alpha$; $\alpha_l = \alpha_r = \alpha/2$ vor, so kann man aus der Tabelle 1 zwei kritische Werte $- z_1 = z_r = z_k > 0$ entnehmen. Dann liegt mit der Wahrscheinlichkeit γ der Wert z im Bereich:

$$- z_k \leq z \leq z_k; \quad z = \frac{\bar{x} - \mu}{\sigma} \sqrt{N} \tag{4.2-2}$$

und mit der Wahrscheinlichkeit $\alpha = 1 - \gamma$ außerhalb dieses Bereiches, d. h. es ist dann entweder:

$$z < - z_k \text{ oder } z > z_k \tag{4.2-3}$$

In allen Fällen, in denen die Ungleichung (4.2-2) gilt, bestehen auch die Ungleichungen:

$$- z_k \leq \frac{\bar{x} - \mu}{\sigma} \sqrt{N} \leq z_k$$

$$- \frac{z_k \, \sigma}{\sqrt{N}} \leq \bar{x} - \mu \leq \frac{z_k \, \sigma}{\sqrt{N}} \tag{4.2-4}$$

In all den Fällen, in denen die Ungleichungen (4.2-3) gelten, bestehen auch die Ungleichungen:

$$\bar{x} - \mu < - \frac{z_k \, \sigma}{\sqrt{N}} \text{ bzw. } \bar{x} - \mu > \frac{z_k \, \sigma}{\sqrt{N}} \tag{4.2-5}$$

Dies gilt deswegen, weil die Bereichsfunktion:

$$z = \frac{\bar{x} - \mu}{\sigma} \sqrt{N} \tag{4.2-6}$$

eine umkehrbar eindeutige Funktion von μ für alle festen Werte N und σ ist. Es gilt auch das Umgekehrte: Geht man von den Ungleichungen (4.2-4) bzw. (4.2-5) aus, so bestehen auch die Ungleichungen (4.2-2) bzw. (4.2-3). Da die Ungleichungen (4.2-4) bzw. (4.2-5) mit der vorgegebenen Wahrscheinlichkeit γ bzw. α gelten, bestehen also die folgenden Gleichungen:

$$W(- z_k \leq z \leq z_k) = \gamma; \qquad W(z < - z_k \text{ oder } z > z_k) = \alpha = 1 - \gamma$$

$$W\left(- \frac{z_k \, \sigma}{\sqrt{N}} \leq \bar{x} - \mu \leq \frac{z_k \, \sigma}{\sqrt{N}}\right) = \gamma; \quad W\left(\bar{x} - \mu < - \frac{z_k \, \sigma}{\sqrt{N}} \text{ oder } \bar{x} - \mu > \frac{z_k \, \sigma}{\sqrt{N}}\right) = \alpha \tag{4.2-7}$$

Wenn die Ungleichung (4.2–4) gilt, so bestehen auch die Ungleichungen:

$$-\frac{z_k\,\sigma}{\sqrt{N}} \le \mu - \bar{x} \le \frac{z_k\,\sigma}{\sqrt{N}}$$

$$\bar{x} - \frac{z_k\,\sigma}{\sqrt{N}} \le \mu \le \bar{x} + \frac{z_k\,\sigma}{\sqrt{N}} \tag{4.2–8}$$

Wenn die Ungleichungen (4.2–5) gelten, so bestehen auch die Ungleichungen:

$$\mu - \bar{x} > \frac{z_k\,\sigma}{\sqrt{N}} \quad \text{d. h.} \quad \mu > \bar{x} + \frac{z_k\,\sigma}{\sqrt{N}}$$

$$\mu - \bar{x} < -\frac{z_k\,\sigma}{\sqrt{N}} \quad \text{d. h.} \quad \mu < \bar{x} - \frac{z_k\,\sigma}{\sqrt{N}} \tag{4.2–9}$$

Auch hier besteht umkehrbare Eindeutigkeit.

Hieraus ergibt sich: Wenn man als neue Wahrscheinlichkeitsvariablen einführt:

$$U_u = \bar{X} - \frac{z_k\,\sigma}{\sqrt{N}} \quad \text{und} \quad U_o = \bar{X} + \frac{z_k\,\sigma}{\sqrt{N}} \tag{4.2–10}$$

so besitzt U_u die gleiche Gauß'sche Normalverteilung wie $\bar{X}$, nur liegt der Durchschnitt um den festen Betrag $z_k\,\sigma/\sqrt{N}$ nach links verschoben, während bei U_0 der Durchschnitt um den gleichen Betrag nach rechts verschoben liegt. Die Bereichswerte der beiden Zufallsvariablen liegen also um $2\,z_k\,\sigma/\sqrt{N}$ auseinander. Die Ungleichungen (4.2–10) zeigen, daß diese neuen Wahrscheinlichkeitsvariablen den unbekannten Parameter μ mit der Wahrscheinlichkeit γ einschließen und mit der Wahrscheinlichkeit α nicht einschließen.

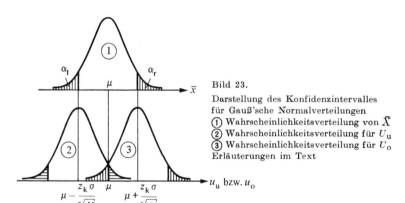

Bild 23.

Darstellung des Konfidenzintervalles für Gauß'sche Normalverteilungen
① Wahrscheinlichkeitsverteilung von $\bar{X}$
② Wahrscheinlichkeitsverteilung für U_u
③ Wahrscheinlichkeitsverteilung für U_0
Erläuterungen im Text

Im B i l d 23 ist dies schematisch veranschaulicht: Wenn $\bar{x}$ zum nicht-schraffierten Teil der Verteilung 1 gehört, so gehören u_u und u_o zu den nichtschraffierten Teilen der Verteilung 2 bzw. 3. In diesem Falle schließen u_u und u_o den Parameter μ ein. Wenn $\bar{x}$ entweder im linken oder rechten schraffierten Teil von 1 liegen, so liegen u_u und u_o entweder im linken oder rechten schraffierten Teil von 2 bzw. 3 und schließen μ nicht ein.

4.2.2.2. Konfidenzintervall für den unbekannten Durchschnitt μ einer Gauß'schen Normalverteilung mit unbekannter Varianz s^2

In diesem Falle tritt an die Stelle der unbekannten Varianz σ^2 die Varianz s^2 der Stichprobe. Nach Abschnitt 3.5.1 hat dann die Wahrscheinlichkeitsvariable:

$$Z = \frac{\bar{X} - \mu}{S}\sqrt{N} \qquad (4.2\text{–}11)$$

eine T-Verteilung mit dem Freiheitsgrad $n = N - 1$. Im übrigen geht alles Weitere wie im vorigen Abschnitt, indem an die Stelle der Gauß'schen Normalverteilung die T-Verteilung und an die Stelle von σ^2 nun der Wert s^2 der Stichprobenvarianz tritt. Die Wahrscheinlichkeitsvariablen U_u und U_o sind also:

$$U_\mathrm{u} = \bar{X} - \frac{z_\mathrm{k}\,s}{\sqrt{N}} \quad \text{und} \quad U_\mathrm{o} = \bar{X} + \frac{z_\mathrm{k}\,s}{\sqrt{N}} \qquad (4.2\text{–}12)$$

Sie schließen mit der Wahrscheinlichkeit γ den Parameter μ ein und mit der Wahrscheinlichkeit $\alpha = 1 - \gamma$ nicht. Die Verteilungen von U_u bzw. U_o sind Gauß'sche Normalverteilungen wie die von $\bar{X}$, nur sind ihre Durchschnitte um $z_\mathrm{k}\,s/\sqrt{N}$ nach links bzw. nach rechts verschoben. Folglich ist das gesuchte Konvergenzintervall bei vorgegebenem γ und N:

$$u_\mathrm{u} = \bar{x} - \frac{z_\mathrm{k}\,s}{\sqrt{N}} \qquad u_\mathrm{o} = \bar{x} + \frac{z_\mathrm{k}\,s}{\sqrt{N}} \qquad (4.2\text{–}13)$$

Hier sind $\bar{x}$ der Durchschnitt und s^2 die Varianz der Stichprobe, während der kritische Wert z_k aus der T-Tabelle für den Freiheitsgrad $n = N - 1$ entnommen ist.

4.2.2.3. Konfidenzintervall für die Varianz σ^2 einer Gauß'schen Normalverteilung bei unbekanntem Durchschnitt μ

In diesem Falle geht man von der Wahrscheinlichkeitsvariablen aus:

$$Z = \frac{s^2}{\sigma^2}(N - 1) \qquad (4.2\text{–}14)$$

Hier ist:

$$S^2 = \frac{1}{N-1} \sum_{\nu=1}^{N} (X_\nu - \bar{X})^2$$

Gl. (4.2–14) ist im Abschnitt 3.5.1.b besprochen und hat eine Chi-Quadrat-verteilung mit dem Freiheitsgrad $n = N - 1$. Nach Vorgabe des Risiko-maßes $\gamma = 1 - \alpha_1, \alpha_1 = \alpha_r = \alpha/2$ bestimmt man zu α_1 und α_r zwei kritische Werte z_1 und z_r aus Tabelle 3. In diesem Falle haben sie keinen gleichen Absolut-betrag, weil die Chi-Quadrat-Verteilung unsymmetrisch zu ihrem Durch-schnitt $\mu_{\chi^2} = N - 1$ ist. Dann gilt für irgendeinen Bereichswert z der Ungleichung:

$$z_1 \le z \le z_r \quad \text{für} \quad z = \frac{(N-1)\, s^2}{\sigma^2}$$

die Wahrscheinlichkeit:

$$W\,(z_1 \le z \le z_r) = W\left(\frac{(N-1)\, s^2}{z_r} \le \sigma^2 \le \frac{(N-1)\, s^2}{z_1} \right) = \gamma$$

weil n. V. $z_1 < z_r$ ist. Führt man also die beiden Wahrscheinlichkeits-variablen U_u und U_o ein mit:

$$U_u = \frac{(N-1)\, S^2}{z_r}, \quad U_o = \frac{(N-1)\, S^2}{z_1}$$

so hat U_u eine Wahrscheinlichkeitsverteilung, die aus der Wahrscheinlich-keitsverteilung von S^2 hervorgeht, indem man jeden Bereichswert s^2 dieser

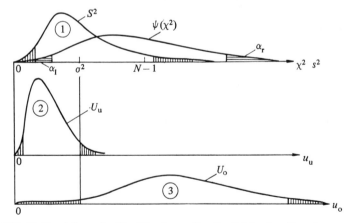

Bild 24. Darstellung des Konfidenzintervalles für Chi-Quadrat-Verteilungen.
(1) Wahrscheinlichkeitsverteilung für S^2, (2) Wahrscheinlichkeitsverteilung für U_u, (3) Wahrscheinlichkeitsverteilung für U_o.

Verteilung mit $(N-1)/z_r$ multipliziert. Nach Gl. (3.1–2) hat der Durchschnitt dieser Verteilung den Werk $\mu_{s_2} = (N-1)\,\sigma^2/z_r$, weil S^2 den Durchschnitt σ^2 hat nach Gl. (3.5–2). Die Wahrscheinlichkeitsverteilung von U_o erhält man, indem man den Bereichswert s^2 mit $(N-1)/z_1$ multipliziert.

Ihr Durchschnitt ist also $(N-1)\,\sigma^2/z_1$. Wählt man also als Konfidenzintervall:

$$u_u = \frac{(N-1)\,s^2}{z_r} \quad \text{und} \quad u_o = \frac{(N-1)\,s^2}{z_1}$$

wo s^2 die Varianz der Stichprobe des Umfangs N ist, so schließen mit der Wahrscheinlichkeit γ diese Werte die Varianz σ^2 der Grundgesamtheit ein und mit der Wahrscheinlichkeit $\alpha = 1 - \gamma$ nicht. B i l d 24 zeigt eine Veranschaulichung analog Bild 23.

5. Stochastischer Zusammenhang 1. Art (Regression)

5.1. Definition

Man geht zweckmäßig vom Begriff der eindeutigen mathematischen Funktion aus. Danach schreibt man $y = f(x)$, wenn jeder Zahl x eines bestimmten Bereiches eine und nur eine Zahl y zugeordnet ist. In vielen Fällen kann man diese Zuordnungsvorschrift in der Form von Funktionsgleichungen schreiben, wie z. B. $y = a + b\,x$, wo a und b Konstante sind. Wesentlich ist, daß zu jedem Wert x nur eine einzige Zahl y gehört.

Funktionale Zusammenhänge kommen in der Natur vielfach vor. So gilt z. B. für den freien Fall eines Körpers im luftleeren Raum auf der Erdoberfläche die Funktionsgleichung:

$$s = \frac{1}{2}\,g\,t^2 \qquad\qquad (5.1-1)$$

Durch sie wird jeder Fallzeit t ein einziger Wert s als Fallweg zugeordnet. Ihre Kurve ist eine Parabel.

Will man sie experimentell nachprüfen, so stellt man fest, daß man zu gleichen Werten der Zeit t nicht immer gleiche Werte s der Fallwege erhält. Im Sinne der klassischen Physik erklärt man dies folgendermaßen:

An sich bewegt sich jeder Körper genau nach dem Gesetz der Funktionsgleichung, nur können p r a k t i s c h die Zeiten und Wege nicht absolut genau gemessen werden. Es treten vielmehr immer zufällige Fehler im Meßvorgang auf. Allein dadurch ist es bedingt, daß nicht immer gleiche Fallwege zu gleichen Fallzeiten gefunden werden. Die Abweichungen sind also nicht durch den Fallvorgang, sondern allein durch den Meßvorgang bedingt. Grundsätzlich würden sie beliebig klein gemacht werden können, wenn die Messungen beliebig genau ausgeführt werden könnten. Diese Modellvorstellung des freien Falles soll noch dadurch präzisiert werden, daß angenommen wird, zu jedem Wert der Fallzeit t gehört eine Gauß'sche Normalverteilung von s, und für alle t ist deren Varianz σ^2 konstant. Die Durchschnitte aller Verteilungen liegen auf der Funktionsgleichung (5.1-1). Am gleichen Ort auf der Erdoberfläche gilt sie für a l l e frei fallenden Körper.

Nun gibt es erfahrungsgemäß in der Natur auch Zusammenhänge, bei denen eine derartige eindeutige funktionale Zuordnung zwischen den Variablen nicht besteht. Man muß sie daher erweitern, und zwar zunächst in dem folgenden Sinne:

Es gehört zu jedem Wert x zwar auch eine Gauß'sche Normalverteilung von y-Werten mit konstanter Varianz σ^2, aber ihre Varianz kann auch durch noch so genaue Messungen nicht beliebig klein gemacht werden wie im Beispiel des freien Falles. Die Varianz ist also wesentlich durch den zugrundeliegenden Zusammenhang selbst bedingt.

Wenn σ^2 nicht zu groß ist, wird man dennoch von einem Zusammenhang zwischen den Variablen x und y sprechen können. Um ihn zu definieren, wird man die Kurve der Durchschnitte der Verteilungen der y-Werte einführen, wie das auch im Beispiel des freien Falles geschehen ist. Aber der wesentliche Unterschied ist dabei, daß sie auch durch noch so genau ausgeführte Messungen nicht erreicht werden kann, wie beim freien Fall. Man nennt diese Durchschnittslinie eine Regressionskurve. Im einfachsten Falle ist sie eine Gerade. Derartige Zusammenhänge heißen stochastische Zusammenhänge 1. Art. Sie kommen in der Praxis oft vor. So erfolgt z. B. das Wachstum v i e l e r Pflanzen gleicher Art in Zuordnung zur Zeit nach diesem Modell.

Nach diesen Vorbereitungen wird der stochastische Zusammenhang 1. Art folgendermaßen definiert:

1) Es sei x eine gewöhnliche und unabhängige Variable, d. h. sie besitzt keine Wahrscheinlichkeitsverteilung.

2) Zu jedem Wert x gehört eine abhängige Wahrscheinlichkeitsvariable Y mit einer Gauß'schen Normalverteilung. Die Kurve ihrer Durchschnitte ist $y_f = f(x)$. Sie ist die Regressionskurve. Die Varianz dieser Verteilungen ist σ_f^2. Ihre Größe kann auch durch noch so genau ausgeführte Messungen nicht wesentlich verkleinert werden. Diese Varianz ist konstant für alle Werte von x. Die Verteilung hat danach die Form:

$$\psi(y) = \frac{1}{\sigma_f \sqrt{2\pi}} \, e^{-\frac{(y-y_f)^2}{2\sigma_f^2}}$$

3) Denkt man sich in der x, y-Ebene über jedem ihrer Punkte den zugehörigen Wahrscheinlichkeitsdichtewert aufgetragen, so erhält man einen nach beiden Seiten abfallenden Bergrücken, wie B i l d 25 schematisch andeutet. Die Fußpunktkurve des Scheitels ist die Regressionskurve.

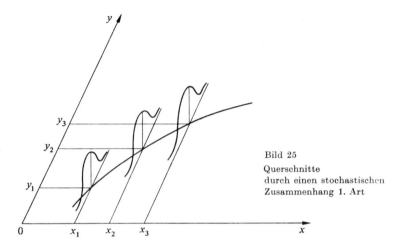

Bild 25
Querschnitte
durch einen stochastischen
Zusammenhang 1. Art

5.2. Einfacher linearer stochastischer Zusammenhang 1. Art

In diesem Falle ist die Regressionskurve eine Gerade. Sie habe die Form:

$$y_g = \mu_2 + \beta\,(x - \mu_1) \qquad (5.2-1)$$

Die Wahrscheinlichkeitsdichte hat die Funktion:

$$\psi(y) = \frac{1}{\sigma_g\,\sqrt{2\,\pi}}\; e^{-\dfrac{(y - y_g)^2}{2\,\sigma_g^2}} \qquad (5.2-2)$$

5.2.1. Regressionsgerade einer Stichprobe [9.1]

Für die Anwendung ist es wichtig, für die Größen μ_1; μ_2; β geeignete Schätzwerte zu erhalten. Man gewinnt sie, indem man von einer Stichprobe der Grundgesamtheit ausgeht. Sie ist durch N Wertepaare gegeben. Die Abszissenwerte seien x_j; $j = 1, 2, \ldots m$. Sie sollen sämtlich voneinander verschieden sein und mit steigendem Index j größer werden. Zu jedem Wert x_j soll eine Menge y_{ji}; $i = 1, 2, \ldots N_j$, wobei der Fall $N_j = 1$ eingeschlossen wird, gehören. Eine solche Stichprobe ist in B i l d 26 zu sehen. Zu den so gegebenen Punkten konstruiert man die bestangepaßte Gerade. Sie ist diejenige von allen Geraden in der x; y-Ebene, für welche die Summe der Quadrate der Punktentfernungen, wie in B i l d 27 angezeigt, ein Minimum ist. Sie sei in der Form:

$$y = \bar{y} + b\,(x - \bar{x}) \qquad (5.2-3)$$

gegeben. Dann lehrt die Rechnung, daß sind:

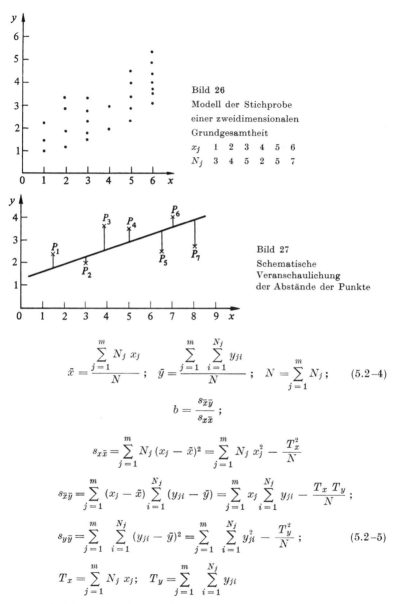

Bild 26
Modell der Stichprobe
einer zweidimensionalen
Grundgesamtheit

x_j	1	2	3	4	5	6
N_j	3	4	5	2	5	7

Bild 27
Schematische
Veranschaulichung
der Abstände der Punkte

$$\bar{x} = \frac{\sum\limits_{j=1}^{m} N_j\, x_j}{N}\;;\quad \bar{y} = \frac{\sum\limits_{j=1}^{m} \sum\limits_{i=1}^{N_j} y_{ji}}{N}\;;\quad N = \sum\limits_{j=1}^{m} N_j\;; \qquad (5.2-4)$$

$$b = \frac{s_{\bar{x}\bar{y}}}{s_{x\bar{x}}}\;;$$

$$s_{x\bar{x}} = \sum\limits_{j=1}^{m} N_j\,(x_j - \bar{x})^2 = \sum\limits_{j=1}^{m} N_j\, x_j^2 - \frac{T_x^2}{N}$$

$$s_{\bar{x}\bar{y}} = \sum\limits_{j=1}^{m} (x_j - \bar{x}) \sum\limits_{i=1}^{N_j} (y_{ji} - \bar{y}) = \sum\limits_{j=1}^{m} x_j \sum\limits_{i=1}^{N_j} y_{ji} - \frac{T_x\, T_y}{N}\;;$$

$$s_{y\bar{y}} = \sum\limits_{j=1}^{m} \sum\limits_{i=1}^{N_j} (y_{ji} - \bar{y})^2 = \sum\limits_{j=1}^{m} \sum\limits_{i=1}^{N_j} y_{ji}^2 - \frac{T_y^2}{N}\;; \qquad (5.2-5)$$

$$T_x = \sum\limits_{j=1}^{m} N_j\, x_j;\quad T_y = \sum\limits_{j=1}^{m} \sum\limits_{i=1}^{N_j} y_{ji}$$

Die Größe b heißt der Regressionskoeffizient der Stichprobe und ihre Regressionsgerade ist Gl. (5.2-3).

5.2.2. Wahrscheinlichkeitsfunktionen der linearen Regression

Für alle Wahrscheinlichkeitsfunktionen des linearen stochastischen Zusammenhangs 1. Art wird fortan vorausgesetzt: Zu jeder gewöhnlichen Variablen x_ν; $\nu = 1, 2, \ldots N$, gehört eine Wahrscheinlichkeitsvariable Y_ν mit einer Verteilung der Form Gl. (5.2–2), wenn man in ihr y durch y_ν ersetzt. Die Gleichung der Regressionsgeraden ist Gl. (5.2–1), wenn man hier x durch x_ν ersetzt. Dann kann man in Analogie zum Fall einer Wahrscheinlichkeitsvariablen, Abschn. 3, die folgenden Sätze beweisen:

1) Die Wahrscheinlichkeitsfunktion:

$$Z = \bar{Y} = \frac{Y_1 + Y_2 + \ldots + Y_N}{N} \qquad (5.2-6)$$

hat eine Gauß'sche Normalverteilung mit dem Durchschnitt μ_2 (Gl. (5.2–1) und der Varianz σ_g^2/N.

Nach den Ausführungen über das Schätzen im Abschn. 4.2.1 ist damit:

$$z = \frac{y_1 + y_2 + \ldots + y_N}{N} = \bar{y} \qquad (5.2-7)$$

ein Schätzwert für den Durchschnitt μ_2 der y-Werte in Gl. (5.2–1) der Grundgesamtheit. Infolgedessen hat die Wahrscheinlichkeitsfunktion:

$$Z = \frac{\bar{Y} - \mu_2}{\sigma_g} \sqrt{N} \qquad (5.2-8)$$

unter den gleichen Voraussetzungen eine normierte Gauß'sche Normalverteilung, d. h. ihr Durchschnitt ist $\mu = 0$ und ihre Varianz ist $\sigma^2 = 1$.

Ist σ_g^2 unbekannt und s_g^2 die Varianz der Stichprobe:

$$s_g^2 = \frac{\displaystyle\sum_{j=1}^{m} \sum_{i=1}^{N_j} (y_{ji} - y_{gj})^2}{N-2} = \frac{s_{y\bar{y}} - b^2\, s_{x\bar{x}}}{N-2} \qquad (5.2-9)$$

d. h. die durchschnittliche Summe der Quadrate der Abweichungen der y_{ji}-Werte von den zugehörigen Werten y_{gj} auf der Regressionsgeraden, so hat die Wahrscheinlichkeitsfunktion:

$$Z = \frac{\bar{Y} - \mu_2}{S_g} \sqrt{N} \qquad (5.2-10)$$

eine T-Verteilung mit dem Freiheitsgrad $n = N - 2$. Dabei ist:

$$S_g = \frac{\displaystyle\sum_{j=1}^{m} \sum_{i=1}^{N_j} (Y_{ji} - Y_{gj})^2}{N-2} \qquad (5.2-11)$$

Zum Unterschied zu Gl. (3.5–1) tritt hier der Nenner $N - 2$ aus folgendem Grunde auf: Die Regressionsgerade der Stichprobe ist durch zwei Größen a; b bestimmt, da sie auf die Form gebracht werden kann: $y_{\mathrm{g}} = a + b\,x$. Zur Bestimmung der beiden Konstanten genügen an sich zwei Werte einer Stichprobe, d. h. $N - 2$ sind „überschüssig".

2) Die Wahrscheinlichkeitsfunktion:

$$B = \frac{S_{\bar{x}\bar{y}}}{s_{x\bar{x}}}$$

mit

$$S_{\bar{x}\bar{y}} = \sum_{j=1}^{m} (x_j - \bar{x}) \sum_{i=1}^{N_j} (Y_{ji} - \bar{Y}) \qquad (5.2-12)$$

$$s_{x\bar{x}} = \sum_{j=1}^{m} N_j (x_j - \bar{x})^2$$

ist formal gleich strukturiert wie die Formel für den Regressionskoeffizienten b Gl. (5.2–4) und hat unter den bestehenden Voraussetzungen eine Gauß'sche Normalverteilung, deren Durchschnitt $\mu = \beta$ und deren Varianz ist:

$$\sigma_b^2 = \frac{\sigma_{\mathrm{g}}^2}{s_{x\bar{x}}}$$

Daraus folgt wiederum, daß b gemäß 4.2.1 ein Schätzwert von β ist. Daher hat die Funktion:

$$Z = \frac{B - \beta}{\sigma_b} = \frac{B - \beta}{\sigma_{\mathrm{g}}} \sqrt{s_{x\bar{x}}} \qquad (5.2-13)$$

eine normierte Gauß'sche Normalverteilung und die Wahrscheinlichkeitsfunktion:

$$Z = \frac{B - \beta}{S_{\mathrm{g}}} \sqrt{s_{x\bar{x}}} \qquad (5.2-14)$$

eine T-Verteilung mit dem Freiheitsgrad $n = N - 2$

3) Die Wahrscheinlichkeitsfunktion:

$$Z = \frac{S_{\mathrm{g}}^2}{\sigma_{\mathrm{g}}^2} (N - 2) \qquad (5.2-15)$$

hat eine Chi-Quadrat-Verteilung mit dem Freiheitsgrad $n = N - 2$. Infolgedessen ist s_{g}^2 ein Schätzwert für σ_{g}^2 gemäß den Ausführungen in Abschn. 4.2.1.

Diese Wahrscheinlichkeitsfunktionen können zur Prüfung und zur Bestimmung von Konfidenzintervallen herangezogen werden, wie an Rechenbeispielen in /9.4/ gezeigt wird.

5.3. Maß für die Linearität [9.7]

Oft ist nicht sicher, ob eine Stichprobe einem l i n e a r e n stochastischen Zusammenhang 1. Art zugezählt werden kann. Dann kann man eine Prüfung auf Linearität vornehmen, der folgender Gedanke zugrundeliegt: Im B i l d 28 sind neun Punkte gezeichnet:

x_j	y_{ji}				$\bar{y}_j$	y_{gj}
2	1,5	5,5			3,5	2,92
4	2	2,5	4,5		3	3,66
6	3	3,5	5,5	6	4,5	4,26

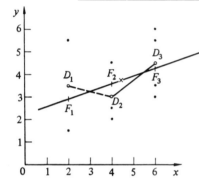

Bild 28

Veranschaulichung des Linearitätsmaßes
Gegebene Punkte;
D_j; $j = 1, 2, 3$ Durchschnitte
der y_{ji}-Werte für gleiche Indizes j;
F_j Entsprechende Punkte
auf der Regressionsgeraden

Die Punkte D_j; $j = 1, 2, 3$ sind die Durchschnitte der Punkte mit gleicher Abszisse x_j. Die Punkte F_j sind die zugehörigen Punkte auf der Regressionsgeraden. Je geringer der Durchschnitt $\bar{q}_1$ aller Abweichungsquadrate $N_j(\bar{y}_j - y_{gj})^2$; $j = 1; 2; 3$ im Verhältnis zum Durchschnitt $\bar{q}_2$ aller Abweichungsquadrate $(y_{ji} - \bar{y}_j)^2$ ist, um so besser ist die Linearität. Es ist:

$$\bar{q}_1 = \frac{2\,(3,5 - 2,92)^2 + 3\,(3 - 3,66)^2 + 4\,(4,5 - 4,26)^2}{3 - 2} = 2,18$$

$$q_2 = (1,5 - 3,5)^2 + (5,5 - 3,5)^2 + (2 - 3)^2 + (2,5 - 3)^2 +$$

$$+ (4,5 - 3)^2 + (3 - 4,5)^2 + (3,5 - 4,5)^2 + (5,5 - 4,5)^2 +$$

$$+ (6 - 4,5)^2 = 18; \quad \bar{q}_2 = \frac{18}{9 - 3} = 3$$

$$z = \frac{\bar{q}_1}{\bar{q}_2} = \frac{2,18}{3} = 0,727$$

Da z klein ist, kann Linearität angenommen werden. Liegen die D_j-Punkte fest und die y_{ji}-Werte sämtlich sehr nahe um die entsprechenden

$\bar{y}_j$-Werte verteilt, so würde die Lage der Regressionsgeraden nicht wesentlich anders sein, d. h. $\bar{q}_1$ wäre nahezu unverändert, während demgegenüber $\bar{q}_2$ klein wäre: Die Linearität würde wesentlich schlechter sein.

Das Linearitätsmaß ist also:

$$z = \frac{\bar{q}_1}{\bar{q}_2}$$

Aus dem Ansatz ergibt sich, daß nicht zu allen Werten x_j nur e i n Wert y_j gehören darf. Denn sonst würde für alle j $\bar{y}_j = y_j$ sein, d. h. der Nenner $\bar{q}_2$ wäre Null.

Diese Überlegungen können allgemein in mathematische Form gebracht werden und ergeben:

Man bildet die Summe der Abweichungsquadrate der Durchschnitte $\bar{y}_j$ von y_{ji} für alle j:

$$\bar{y}_j = \frac{\sum\limits_{i=1}^{N_j} y_{ji}}{N_j} \; ; \quad j = 1, 2, \ldots m \qquad (5.3\text{-}1)$$

von den zugehörigen Werten y_{gj} auf der Regressionsgeraden; d. h.:

$$q_1 = \sum_{j=1}^{m} N_j \, (\bar{y}_j - y_{gj})^2 \qquad (5.3\text{-}2)$$

Ihr Durchschnitt ist:

$$\bar{q}_1 = \frac{\sum\limits_{j=1}^{m} N_j \, (\bar{y}_j - y_{gj})^2}{m - 2} \qquad (5.3\text{-}3)$$

Dann bildet man die Summe der Abweichungsquadrate der y_{ji}-Werte von ihren Durchschnitten $\bar{y}_j$, d. h.

$$q_2 = \sum_{j=1}^{m} \sum_{i=1}^{N_j} (y_{ji} - \bar{y}_j)^2 \qquad (5.3\text{-}4)$$

Ihr Durchschnitt ist:

$$\bar{q}_2 = \frac{\sum\limits_{j=1}^{m} \sum\limits_{i=1}^{N_j} (y_{ji} - \bar{y}_j)^2}{N - m} \qquad (5.3\text{-}5)$$

Die Funktion:

$$z = \frac{\bar{q}_1}{\bar{q}_2} \qquad (5.3\text{-}6)$$

hat als Wahrscheinlichkeitsfunktion im Sinne von Abschn. 5.2 für alle y_{ji} eine F-Verteilung mit den Freiheitsgraden: $n_1 = m - 2$, $n_2 = N - m$.

Zur numerischen Rechnung formt man zweckmäßig die Zähler von $\bar{q}_1$ und $\bar{q}_2$ um. Man erhält:

$$q_1 = \sum_{j=1}^{m} N_j \, (\bar{y}_j - y_{gj})^2 = \sum_{j=1}^{m} \left(\frac{T_j^2}{N_j} \right) - \frac{T^2}{N} - \frac{s_{\bar{x}\bar{y}}^2}{s_{x\bar{x}}} \qquad (5.3-7)$$

$$q_2 = \sum_{j=1}^{m} \sum_{i=1}^{N_j} (y_{ji} - \bar{y}_j)^2 = \sum_{j=1}^{m} \left(\sum_{i=1}^{N_j} y_{ji}^2 - \frac{T_j^2}{N_j} \right) \qquad (5.3-8)$$

Hier sind:

$$T_j = \sum_{i=1}^{N_j} y_{ji}; \quad T = \sum_{j=1}^{m} T_j; \quad N = \sum_{j=1}^{m} N_j \qquad (5.3-9)$$

$$s_{x\bar{x}} = \sum_{j=1}^{m} N_j \, x_j^2 - \frac{T_x^2}{N}; \quad s_{\bar{x}\bar{y}} = \sum_{j=1}^{m} \sum_{i=1}^{N_j} x_j \, y_{ji} - \frac{T_x \, T_y}{N} \qquad (5.3-10)$$

$$\bar{x} = \frac{\sum\limits_{j=1}^{m} N_j \, x_j}{N}; \quad \bar{y} = \frac{\sum\limits_{j=1}^{m} \sum\limits_{i=1}^{N_j} y_{ji}}{N} \qquad (5.3-11)$$

5.4. Konfidenzintervalle für die Punkte der Regressionsgeraden einer Grundgesamtheit [9.6]

Gegeben sei eine Stichprobe, deren Regressionsgerade berechnet sei, d. h. $y_g = \bar{y} + b\,(x - \bar{x})$. Die Regressionsgerade einer zugehörigen Grundgesamtheit sei: $y = \mu_2 + \beta\,(x - \mu_1)$. Dann bildet man die Bereichsfunktion:

$$z = \frac{y_g - y}{s_g \sqrt{\dfrac{1}{N} + \dfrac{(x - \bar{x})^2}{s_{x\bar{x}}}}} \qquad (5.4-1)$$

Als Wahrscheinlichkeitsfunktion im Sinne von Abschn. 5.2 betrachtet, hat sie eine T-Verteilung mit dem Freiheitsgrad $n = N - 2$. Dabei ist s_g^2 nach Gl. (5.2–9) zu setzen.

Die Umkehrfunktion von Gl. (5.4–1) ist im Sinne der Ausführungen gemäß Abschn. 4.2.2 die Konfidenzfunktion:

$$y = y_g - z\, s_g \sqrt{\frac{1}{N} + \frac{(x - \bar{x})^2}{s_{x\bar{x}}}}$$

Wenn das Risikomaß $\gamma = 1 - \alpha$; $\alpha = \alpha_r + \alpha_1$; $\alpha_1 = \alpha_r = \dfrac{\alpha}{2}$ vorgegeben wird, so sind die kritischen Werte $z_r = -z_1 = z_k$ aus Tabelle 2 für den Freiheitsgrad $n = N - 2$ bestimmbar. Die Konfidenzgrenzen sind dann:

$$y_g - z_r\, s_g \sqrt{\frac{1}{N} + \frac{(x - \bar{x})^2}{s_{x\bar{x}}}} \leq y \leq y_g + z_r\, s_g \sqrt{\frac{1}{N} + \frac{(x - \bar{x})^2}{s_{x\bar{x}}}} \qquad (5.4\text{–}2)$$

Man sieht, daß die Konfidenzintervalle um so kleiner sind, je näher x bei $\bar{x}$ liegt (s. Bild 31 in Abschn. 9.6).

5.5. Vergleich zweier Regressionsgeraden

5.5.1. Vergleich der Regressionskoeffizienten [9.8]

Gegeben seien zwei Stichproben: x'_ν; y'_ν; $\nu = 1, 2, \ldots N_1$ und x''_ν; y''_ν; $\nu = 1, 2, \ldots N_2$. Sie sollen aus Grundgesamtheiten mit Gauß'schen Normalverteilungen stammen, die gleiche Varianz σ_g^2 besitzen. Es soll geprüft werden, ob auch ihre Regressionskoeffizienten β_1 und β_2 übereinstimmen. Der Prüfung liegt folgende Überlegung zugrunde: Man bestimmt zunächst einen Ausdruck, der proportional der Differenz $(b_1 - b_2)^2$ der Regressionskoeffizienten der gegebenen Stichproben ist Gl. (5.5–8). Ihn setzt man ins Verhältnis zu dem Durchschnitt der Summe der Abweichungsquadrate aller Punkte der Stichproben, bezogen auf die b e i d e n Regressionsgraden der Stichproben Gl. (5.5–4). Die Ausführung ergibt Folgendes:

$$s'_{x\bar{x}} = \sum_{\nu=1}^{N_1} (x'_\nu - \bar{x}')^2 = \sum_{\nu=1}^{N_1} x'^2_\nu - \frac{T_{x'}^2}{N_1}\, ; \quad s''_{x\bar{x}} = \sum_{\nu=1}^{N_2} (x''_\nu - \bar{x}'')^2 = \sum_{\nu=1}^{N_2} x''^2_\nu - \frac{T_{x''}^2}{N_2}\, ;$$

$$s'_{y\bar{y}} = \sum_{\nu=1}^{N_1} (y'_\nu - \bar{y}')^2 = \sum_{\nu=1}^{N_1} y'^2_\nu - \frac{T_{y'}^2}{N_1}\, ; \quad s''_{y\bar{y}} = \sum_{\nu=1}^{N_2} (y''_\nu - \bar{y}'')^2 = \sum_{\nu=1}^{N_2} y''^2_\nu - \frac{T_{y''}^2}{N_2}\, ;$$

$$s'_{\bar{x}\bar{y}} = \sum_{\nu=1}^{N_1} (x'_\nu - \bar{x}')\,(y'_\nu - \bar{y}') = \sum_{\nu=1}^{N_1} x'_\nu\, y'_\nu - \frac{T_{x'}\, T_{y'}}{N_1}\, ;$$

$$s''_{\bar{x}\bar{y}} = \sum_{\nu=1}^{N_2} (x''_\nu - \bar{x}'')\,(y''_\nu - \bar{y}'') = \sum_{\nu=1}^{N_2} x''_\nu\, y''_\nu - \frac{T_{x''}\, T_{y''}}{N''}$$

Die Regressionskoeffizienten sind:

$$b' = \frac{s'_{\bar{x}\bar{y}}}{s'_{x\bar{x}}}\, ; \quad b'' = \frac{s''_{\bar{x}\bar{y}}}{s''_{x\bar{x}}} \qquad (5.5\text{–}1)$$

Um die gesuchte Wahrscheinlichkeitsfunktion zu erhalten, bildet man die beiden Summen der Quadrate der Abweichungen von den $y_{g\nu}$-Werten der Regressionsgeraden:

$$\sum_{\nu=1}^{N_1} (y'_\nu - y'_{g\nu})^2 = s'_{y\bar{y}} - b'^2\, s'_{x\bar{x}}$$

$$\sum_{\nu=1}^{N_2} (y''_\nu - y''_{g\nu}) = s''_{y\bar{y}} - b''^2\, s''_{x\bar{x}} \qquad (5.5\text{–}2)$$

Ihre Summe ist die Abweichung der Quadrate von den b e i d e n Regressionsgeraden:

$$u = s'_{y\bar{y}} + s''_{y\bar{y}} - (b'^2 \, s'_{x\bar{x}} + b''^2 \, s''_{x\bar{x}}) \qquad (5.5-3)$$

Ihr Durchschnitt ist:

$$\bar{u} = \frac{u}{N_1 + N_2 - 4} \qquad (5.5-4)$$

Dann bildet man einen d u r c h s c h n i t t l i c h e n Regressionskoeffizienten b_d nach der Formel:

$$b_d = \frac{b' \, s'_{x\bar{x}} + b'' \, s''_{x\bar{x}}}{s'_{x\bar{x}} + s''_{x\bar{x}}} \qquad (5.5-5)$$

Die mit ihm gebildete Summe der Abweichungsquadrate ist:

$$v = (s'_{y\bar{y}} + s''_{y\bar{y}}) - b_d^2 \, (s'_{x\bar{x}} + s''_{x\bar{x}}) \qquad (5.5-6)$$

Die Differenz $d = v - u$ ist:

$$d = (s'_{y\bar{y}} + s''_{y\bar{y}}) - b_d^2 \, (s'_{x\bar{x}} + s''_{x\bar{x}}) - (s'_{y\bar{y}} - b'^2 \, s'_{x\bar{x}} + s''_{y\bar{y}} - b''^2 \, s''_{x\bar{x}})$$

$$d = b'^2 \, s'_{x\bar{x}} + b''^2 \, s''_{x\bar{x}} - b_d^2 \, (s'_{x\bar{x}} + s''_{x\bar{x}}) \qquad (5.5-7)$$

Man kann d umformen und erhält durch Einsatz von (5.5-5):

$$d = (b' - b'')^2 \frac{s'_{x\bar{x}} \, s''_{x\bar{x}}}{s'_{x\bar{x}} + s''_{x\bar{x}}} = (b' - b'')^2 \frac{1}{\dfrac{1}{s'_{x\bar{x}}} + \dfrac{1}{s''_{x\bar{x}}}} \qquad (5.5-8)$$

Die Differenz d ist daher proportional dem Quadrat der Abweichung der beiden Regressionskoeffizienten der Stichproben. Sie kann also als ein Maß dieser Abweichung angesehen werden. Nun setzt man d ins Verhältnis zum Durchschnitt $\bar{u}$ Gl. (5.5-4) und erhält:

$$z = \frac{d}{\bar{u}} \qquad (5.5-9)$$

Als Wahrscheinlichkeitsfunktion im Sinne von 5.2 für $\beta_1 = \beta_2$ betrachtet, hat sie eine F-Verteilung mit den Freiheitsgraden $n_1 = 1$ und $n_2 = N_1 + N_2 - 4$, wenn man für d Gl. (5.5-7) einsetzt. Setzt man d nach Gl. (5.5-8) ein, so erhält man:

$$z = \frac{(b' - b'')^2}{\left(\dfrac{1}{s'_{x\bar{x}}} + \dfrac{1}{s''_{x\bar{x}}} \right) \bar{u}} \qquad (5.5-10)$$

Ihre Wurzel:

$$z' = \frac{b' - b''}{s_d}$$ (5.5–11)

$$s_d^2 = \bar{u}\left(\frac{1}{s'_{x\bar{x}}} + \frac{1}{s''_{x\bar{x}}}\right)$$

hat, als Wahrscheinlichkeitsfunktion betrachtet, eine T-Verteilung mit dem Freiheitsgrad $n = N_1 + N_2 - 4$.

Beide Wahrscheinlichkeitsfunktionen sind an sich gleichberechtigt. Aber nur die erste Form kann auf mehr als zwei Stichproben verallgemeinert werden (s. Bild 33, Abschn. 9.8).

5.5.2. Konfidenzintervall für den Abstand zweier signifikant paralleler Regressionsgeraden

Wenn die Regressionskoeffizienten zweier Regressionsgeraden b' und b'' sich signifikant nicht voneinander unterscheiden und b_d ihr durchschnittlicher Regressionskoeffizient ist, so kann man die Regressionsgeraden durch zwei einander parallele Geraden ersetzen, die je durch ihren Durchschnittspunkt P_1 bzw. P_2 verlaufen und den gemeinsamen Regressionskoeffizienten b_d haben, wie in B i l d 29 gezeigt wird. Dann kann man den

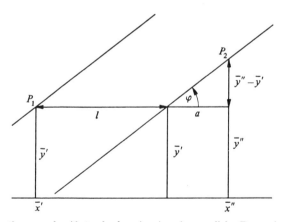

Bild 29. Bestimmung des Abstandes l zweier einander paralleler Regressionsgeraden:

$$l = \bar{x}'' - \bar{x}' - a; \quad a = \frac{\bar{y}'' - \bar{y}'}{\tan \varphi}; \quad \tan \varphi = b_d$$

$$l = \bar{x}'' - \bar{x}' - \frac{\bar{y}'' - \bar{y}'}{b_d}$$

Abstand l beider Regressionsgeraden errechnen und prüfen, ob er signifikant ist, d. h. prüfen, ob die Regressionsgeraden der beiden Grundgesamtheiten in eine zusammenfallen oder nicht. Der Abstand l ist, wie man aus der Abbildung ersieht:

$$l = \bar{x}'' - \bar{x}' - (\bar{y}'' - \bar{y}') : b_d \qquad (5.5-12)$$

Man multipliziert hier mit b_d und bildet die Differenz

$$d = (\bar{y}'' - \bar{y}') - b_d (\bar{x}'' - \bar{x}') + l\, b_d \qquad (5.5-13)$$

Betrachtet man sie als Wahrscheinlichkeitsfunktion, so hat sie eine Verteilung mit der Varianz:

$$\sigma_d^2 = \bar{u} \left(\frac{1}{N_1} + \frac{1}{N_2} + \frac{(l + \bar{x}' - \bar{x}'')^2}{s_{x\bar{x}}} \right) \qquad (5.5-14)$$

Hier ist $\bar{u}$ das Durchschnittsquadrat der Summe der Abweichungen um beide Regressionsgeraden nach Gl. (5.5–4). Der Quotient:

$$z = \frac{d^2}{\sigma_d^2} \qquad (5.5-15)$$

hat, als Wahrscheinlichkeitsfunktion im Sinne von Abschn. 5.2 betrachtet, eine F-Verteilung mit den Freiheitsgraden $n_1 = 1$ und $n_2 = N_1 + N_2 - 4$.

Um die Konfidenzgrenzen für l zu erhalten, bestimmt man ein Risikomaß $0 < \alpha_r \ll 1$ und dazu aus der Verteilung von z den kritischen Wert z_r. Dann bildet man aus (5.5–15) die quadratische Gleichung mit l als Unbekannter:

$$d^2 - \bar{u}\, z_r \left(\frac{1}{N_1} + \frac{1}{N_2} + \frac{(l + \bar{x}' - \bar{x}'')^2}{s_{x\bar{x}}} \right) = 0 \qquad (5.5-16)$$

Für d setzt man den Ausdruck Gl. (5.5–13) ein und erhält:

$$a\, l^2 + 2\, b\, l + c = 0 \qquad (5.5-17)$$

mit den Größen:

$$a = b_d^2 - \frac{\bar{u}}{s_{x\bar{x}}}\, z_r$$

$$b = b_d\, (\bar{y}'' - \bar{y}') - a\, (\bar{x}'' - \bar{x}')$$

$$c = (\bar{y}'' - \bar{y}')^2 - 2\, b_d\, (\bar{y}'' - \bar{y}')\, (\bar{x}'' - \bar{x}') - \bar{u}\, z_r \left(\frac{1}{N_1} + \frac{1}{N_2} \right)$$

$$+ a\, (\bar{x}'' - \bar{x}')^2$$

Die Nullstellen l_1 und l_2 sind die Konfidenzgrenzen für den Parallelenabstand l ([2], S. 167 u. ff.).

66

5.5.3. Konfidenzintervall für den Schnittpunkt zweier signifikant nicht-parelleler Regressionsgeraden

Die beiden Regressionsgeraden seien:

$$y = \bar{y}' + b'\,(x - \bar{x}') \quad \text{und} \quad y = \bar{y}'' + b''\,(x - \bar{x}'') \qquad (5.5\text{-}18)$$

Ihr Schnittpunkt hat die x-Koordinate:

$$x = -\,\frac{\bar{y}' - \bar{y}'' - b'\,\bar{x}' + b''\,\bar{x}''}{b' - b''} \qquad (5.5\text{-}19)$$

Dann bildet man die Differenz der beiden Gleichungen der Regressionsgeraden:

$$d = \bar{y}' - \bar{y}'' + b'\,(x - \bar{x}') - b''\,(x - \bar{x}'') \qquad (5.5\text{-}20)$$

Als Wahrscheinlichkeitsfunktion im Sinne von Abschn. 5.2 betrachtet, hat ihre Verteilung die Varianz:

$$\sigma_d^2 = \bar{u}\left(\frac{1}{N_1} + \frac{1}{N_2} + \frac{(x - \bar{x}')^2}{s_{x\bar{x}}'} + \frac{(x - \bar{x}'')^2}{s_{x\bar{x}}''}\right) \qquad (5.5\text{-}21)$$

Man bildet nun den Quotienten:

$$z = \frac{d^2}{\sigma_d^2} \qquad (5.5\text{-}22)$$

Als Wahrscheinlichkeitsfunktion betrachtet, hat sie eine F-Verteilung mit den Freiheitsgraden $n_1 = 1$ und $n_2 = N_1 + N_2 - 4$.

Nach Wahl des Risikomaßes $0 < \alpha_r \ll 1$ bestimmt man aus der F-Verteilung den dazu gehörigen kritischen Wert z_r und setzt ihn in die quadratische Gleichung ein:

$$d^2 - z_r\,\sigma_d^2 = 0$$

Führt man hier die Größen d und σ_d^2 ein, so erhält man:

$$a\,x^2 + 2\,b\,x + c = 0 \qquad (5.5\text{-}23)$$

mit:

$$a = (b' - b'')^2 - \bar{u}\,z_r\left(\frac{1}{s_{x\bar{x}}'} + \frac{1}{s_{x\bar{x}}''}\right)$$

$$b = (b' - b'')\,(\bar{y}' - \bar{y}'' - b'\,\bar{x}' + b''\,\bar{x}'') + \bar{u}\,z_r\left(\frac{\bar{x}'}{s_{x\bar{x}}'} + \frac{\bar{x}''}{s_{x\bar{x}}''}\right)$$

$$c = (\bar{y}' - \bar{y}'' - b'\,\bar{x}' + b''\,\bar{x}'')^2 - \bar{u}\,z_r\left(\frac{1}{N_1} + \frac{1}{N_2} + \frac{\bar{x}'^2}{s_{x\bar{x}}'} + \frac{\bar{x}''^2}{s_{x\bar{x}}''}\right)$$

Die Nullstellen x_1 und x_2 dieser Gleichung sind die Konfidenzgrenzen für x ([2] S. 169).

5.6. Vergleich der Regressionskoeffizienten mehrerer Regressionsgeraden

Gegeben seien m Stichproben:

$$x'_\nu \; ; \; y'_\nu \, , \quad \nu = 1, 2, \ldots N_1$$

$$x''_\nu \; ; \; y''_\nu \, , \quad \nu = 1, 2, \ldots N_2$$

$$x^{(j)}_\nu \; ; \; y^{(j)}_\nu \, , \quad \nu = 1, 2, \ldots N_j, \quad j = 1, 2, \ldots m$$

Sie sollen zu Grundgesamtheiten mit Gauß'schen Normalverteilungen gehören, die sämtlich die gleiche Varianz σ_g^2 haben. Es soll geprüft werden, ob auch ihre Regressionskoeffizienten $\beta_1, \ldots \beta_m$ einander gleich sind. Man geht analog Abschn. 5.5.1 vor und errechnet die in dem Schema enthaltenen Werte, die auf Seite 66 einzeln erklärt sind.

Zur Prüfung der Frage, ob die Regressionskoeffizienten der einzelnen Stichproben signifikant voneinander abweichen, zieht man unter Erweiterung von Gl. (5.5–7) die Differenz d_1 heran:

$$d_1 = (C_d - b_d\, B_d) - \Big(\sum_{j=1}^{m} C_j - b_j\, B_j \Big) = \sum_{j=1}^{m} A_j\, (b_j - b_d)^2 \qquad (5.6\text{–}1)$$

und bildet den Durchschnitt:

$$\bar{d}_1 = \frac{d_1}{m-1} \qquad (5.6\text{–}2)$$

Vom Subtrahenden bildet man unter Erweiterung von Gl. (5.5–3) den Durchschnitt:

$$\bar{u} = \frac{\displaystyle\sum_{j=1}^{m} (C_j - b_j\, B_j)}{N - 2\,m} \qquad (5.6\text{–}3)$$

Der Quotient:

$$z = \frac{\bar{d}_1}{\bar{u}_1} \qquad (5.6\text{–}4)$$

hat, als Wahrscheinlichkeitsfunktion im Sinne von Abschn. 5.2 für $\beta_1 = \ldots = \beta_m$ betrachtet, eine F-Verteilung mit den Freiheitsgraden $n_1 = m - 1$ und $n_2 = N - 2\,m$ ([2] S. 222 u. ff).

Man bestimmt nach Wahl des Risikomaßes $0 < \alpha_r \ll 1$ aus der F-Verteilung den kritischen Wert z_r und errechnet aus (5.6–4) den Prüfwert z_p. Ist $z_p > z_r$, so weichen die Regressionskoeffizienten signifikant voneinander ab, im andern Falle nicht.

	$x_v^{(j)}$; $y_v^{(j)}$	N_j	$A_j = s_{x\bar{x}}^{(j)}$	$B_j = s_{\bar{x}y}^{(j)}$	$C_j = s_{y\bar{y}}^{(j)}$	$b_j = \dfrac{B_j}{A_j}$	$u_j = C_j - b_j B_j$
Einzel-stichproben	$x_v^{(1)}$; $y_v^{(1)}$ $\;\cdots\;$ $x_v^{(m)}$; $y_v^{(m)}$	N_1 $\cdots$ N_m	A_1 $\cdots$ A_m	B_1 $\cdots$ B_m	C_1 $\cdots$ C_m	b_1 $\cdots$ b_m	u_1 $\cdots$ u_m
Summen		N	A_d	B_d	C_d	$b_d = \dfrac{B_d}{A_d}$	u
Gesamt-stichprobe	x_{ji} ; y_{ji}	N	$A = s_{x\bar{x}}$	$B = s_{\bar{x}y}$	$C = s_{y\bar{y}}$	$b = \dfrac{B}{A}$	$C - bB$
Ausgleich			$A_v = A - A_d$	$B_v = B - B_d$	$C_v = C - C_d$	$b_v = \dfrac{B_v}{A_v}$	$C_v - b_v B_v$
							$C_v - b_d B_v$

Unter der Voraussetzung, daß die Regressionskoeffizienten n i c h t signifikant voneinander abweichen, kann man prüfen, ob die Durchschnitte $\bar{y}_j$ signifikant voneinander abweichen. Unter der weiteren Voraussetzung, daß b_d und b_v ebenfalls nicht signifikant voneinander abweichen, gibt die Differenz $d_2 = C_v - b_d B_v$ ein Maß dieser Abweichung. Man bildet wieder den Durchschnitt:

$$d_2 = \frac{C_v - b_d B_v}{m - 1} \qquad (5.6\text{--}5)$$

und dividiert durch $\bar{u}$. Dann hat:

$$z = \frac{d_2}{\bar{u}} \qquad (5.6\text{--}6)$$

als Wahrscheinlichkeitsfunktion im Sinne von Abschn. 5.2 betrachtet, wieder eine F-Verteilung mit den Freiheitsgraden $n_1 = m - 1$ und $n_2 = N - 2\,m$. Für die Prüfung gilt das schon früher Gesagte.

Zwecks Prüfung der Frage, ob b_d und b_v nicht signifikant voneinander abweichen, bildet man von der Differenz d_3 den Durchschnitt:

$$d_3 = \frac{(C - b\,B) - (C_d - b_d\,B_d) - (C_v - b_v\,B_v)}{1} \qquad (5.6\text{--}7)$$

Dann hat der Quotient:

$$z = \frac{d_3}{\bar{u}} \qquad (5.6\text{--}8)$$

als Wahrscheinlichkeitsfunktion im Sinne von Abschn. 5.2 betrachtet, eine F-Verteilung mit den Freiheitsgraden $n_1 = 1$ und $n_2 = N - 2\,m$.

Wenn b_d und b_v nicht signifikant voneinander sich unterscheiden, so auch b von ihnen nicht ([2]; S. 225). Die Prüfung geschieht, wie schon früher angegeben.

5.7. Lineare Regression in der Fourieranalyse

Alle Testverfahren der linearen Regression können auf die Ergebnisse einer Fourieranalyse angewandt werden, wenn man diese in einer vom Verfasser entwickelten und an vielen empirischen Beispielen erfolgreich erprobten Weise benutzt: Ein konstantes Analysenintervall wird schrittweise durch den aus einem Datenmaterial hergestellten Polygonzug bzw. durch einen kontinuierlichen Datenverlauf hindurchgeschoben und in jedem Schritt eine gewöhnliche Fourieranalyse ausgeführt. Die dabei für mehrere Harmonischen in jedem Schritt erhaltenen Werte der Phase und

Amplitude werden als rechtwinklige Koordinaten getrennt in einem Diagramm eingetragen. Es konnte nachgewiesen werden, daß im Phasendiagramm verborgene Schwingungen durch lineare Regressionen angezeigt werden, aus denen die Parameter der Schwingungsdauern und Nullphasen berechnet, geprüft und geschätzt werden können. Analog erhält man im Amplitudendiagramm den Parameter der Schwingungsamplituden bei sinusartigen und des Dämpfungsfaktors sogar noch bei verhältnismäßig stark abklingenden Schwingungen. Das Verfahren ist dargestellt in der Arbeit des Verfassers: Theory and Practice of the Pergressive Fourier Analysis, J. interdiscipl. Cycle Res. 1978, vol. 9, number 1, pp. 3–28.

6. Stochastischer Zusammenhang 2. Art

6.1. Definition

Der stochastische Zusammenhang 1. Art ist dadurch charakterisiert, daß die unabhängige Variable eine gewöhnliche Variable ist, also keine Verteilung hat, während die abhängige eine Wahrscheinlichkeitsvariable ist. Der Zusammenhang zwischen ihnen ist nicht funktionaler Art, sondern für jeden Wert der Unabhängigen x gibt es eine Menge von y-Werten, die einer Verteilung unterliegen.

Der stochastische Zusammenhang 2. Art ist insofern eine Erweiterung über den 1. Art hinaus, als nun beide Variablen Wahrscheinlichkeitsvariablen sind, also beide eine Verteilung besitzen. Man kann keine der beiden als unabhängig bzw. abhängig betrachten. Ein einfaches Beispiel ist das folgende: Stellt man das Wachstum von jungen Menschen im Pubertätsalter in Zuordnung zu dem Alter dar, so erhält man einen stochastischen Zusammenhang 1. Art. Das gleiche ist der Fall, wenn man das Gewicht der gleichen Personen in Zuordnung zu dem Alter darstellt. Nun kann man fragen: Besteht auch ein Zusammenhang zwischen dem Gewicht und der Körpergröße. Dabei kann man die Zuordnung der Gewichte nach steigenden Werten der Größe, aber auch das Umgekehrte vornehmen, da keine Variable hier als bevorzugt zu der anderen angesehen werden kann. Wenn die erhaltene Punktwolke rein anschaulich einen gewissen Zusammenhang zwischen Körpergröße und Gewicht in dem Pubertätsalterzeitraum vermuten läßt, so will man ein exaktes Maß für den Grad dieses Zusammenhangs haben. Dies gibt der Korrelationskoeffizient. Sein Begriff soll zunächst anschaulich entwickelt werden.

6.2. Grundgesamtheiten mit kreisförmigen und elliptischen Verteilungen

Eine kreisförmige Verteilung zweier Wahrscheinlichkeitsvariablen erhält man normalerweise, wenn ein guter Schütze viele Schüsse auf eine beringte Zielscheibe abgibt. Dann werden die Einschläge um so dichter sein, je näher sie am Scheibenzentrum liegen. Auch werden sie symmetrisch zum Zentrum verteilt sein. Als Modell in dem früher definierten Sinne erhält man die folgende Verteilung beider Variablen:

$$\psi(x;y) = \frac{1}{\sigma^2\,2\,\pi}\,\mathrm{e}^{-\frac{x^2+y^2}{2\,\sigma^2}} \qquad (6.2-1)$$

Diese Funktion hat einen konstanten Wert, falls der Exponent konstant ist, d. h. für alle Werte der Funktion:

$$\frac{x^2 + y^2}{2\,\sigma^2} = k \qquad (6.2-2)$$

Sie stellt in der x, y-Ebene einen Kreis dar mit dem Radius $r = \sigma\,\sqrt{2\,k}$. Da dieser alle Werte $0 < \sigma\,\sqrt{2\,k} < +\infty$ annehmen kann, ist in der x, y-Ebene eine unendliche Menge konzentrischer Kreise gegeben, welche die Scheibenmitte als gemeinsames Zentrum haben. In B i l d 30 ist dies dargestellt. Ist die Varianz $\sigma^2 = 1$, so nennt man diese Verteilung eine normierte zweidimensionale Gauß'sche Normalverteilung. Ist $\sigma^2 \neq 1$, so kann man durch eine einfache Transformation jede solche Verteilung auf die normierte zurückführen.

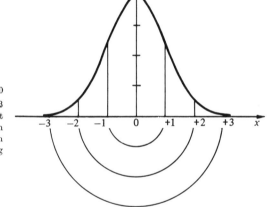

Bild 30
Grund- und Aufriß
durch den Mittelpunkt
einer zweidimensionalen
normierten Gauß'schen
Normalverteilung

Diese Gauß'sche zweidimensionale Verteilung kann man in verschiedener Hinsicht verallgemeinern:

1) Statt der Kreise in der x, y-Ebene sollen Ellipsen auftreten, die ebenfalls konzentrisch zum Koordinatenanfangspunkt liegen. Ferner sollen ihre Achsen zunächst einmal parallel zu den Koordinatenachsen sein.

2) Der gemeinsame Mittelpunkt der konzentrischen Ellipsen soll in den Punkt M $(\mu_1;\mu_2)$ verlegt werden.

Dann soll als Verteilung gegeben sein eine erweiterte Gauß'sche Normalverteilung folgender Art:

$$\psi(x;y) = \frac{1}{\sigma_1\,\sigma_2\,2\,\pi}\,e^{-\frac{1}{2}\left[\left(\frac{x-\mu_1}{\sigma_1}\right)^2 + \left(\frac{y-\mu_2}{\sigma_2}\right)^2\right]} \qquad (6.2-3)$$

Diese Funktion hat einen konstanten Wert für alle Punkte in der x, y-Ebene, welche auf der Kurve:

$$\frac{1}{2} \left(\frac{x - \mu_1}{\sigma_1}\right)^2 + \left(\frac{y - \mu_2}{\sigma_2}\right)^2 = k^2 \qquad (6.2\text{-}4)$$

liegen, d. h. auf konzentrischen Ellipsen, deren Achsen parallel zu den Koordinatenachsen liegen.

In einer derartigen Verteilung sind die beiden Wahrscheinlichkeitsvariablen X und Y unabhängig voneinander. Denn es besteht folgende Gleichung:

$$\psi(x; y) = \psi(x)\,\psi(y) = \frac{1}{\sigma_1\,\sqrt{2\pi}}\ e^{-\frac{1}{2}\left(\frac{x-\mu_1}{\sigma_1}\right)^2}\ \frac{1}{\sigma_2\,\sqrt{2\pi}}\ e^{-\frac{1}{2}\left[\left(\frac{y-\mu_2}{\sigma_2}\right)^2\right]}$$

$$(6.2\text{-}5)$$

und Unabhängigkeit besteht dann und nur dann, wenn für eine Verteilungsfunktion gilt:

$$\psi(x; y) = \psi(x)\,\psi(y) \qquad (6.2\text{-}6)$$

Die Tatsache der Unabhängigkeit kann man sich auch anschaulich klarmachen. Denkt man sich nämlich zu einem Wert x der x-Achse eine Parallele zur y-Achse gezogen, so erhält man einen Schnitt durch die Verteilung der Y-Werte und der Durchschnittswert dieser Verteilung liegt offensichtlich auf der waagerechten Achse der Ellipsenschar, d. h. die Kurve der Durchschnitte hat die Gleichung $\bar{y} = g(x) = \mu_2$ und ist parallel der x-Achse, d. h. der Durchschnitt $\bar{y}$ der y-Werte ändert sich mit x nicht. Umgekehrt ist die Kurve der Durchschnitte $\bar{x} = h(y) = \mu_1$ eine Parallele zur y-Achse. Das besagt: Beide Wahrscheinlichkeitsvariablen X und Y sind unabhängig voneinander.

3) Wenn jedoch die Achsen der konzentrischen Ellipsen nicht parallel zu den Koordinatenachsen liegen, so ändert sich dies, d. h. X und Y stehen untereinander im Zusammenhang, weil dann die Kurven $\bar{y} = g(x)$ und $\bar{x} = h(y)$ nicht mehr parallele Geraden zu den Koordinatenachsen sind. Der Grad des Zusammenhangs hängt offenbar von der Steigung dieser Geraden und der Exzentrizität der Ellipsen ab. Je größer insbesondere letztere bei gleichbleibender Steigung der beiden Geraden ist, um so flacher werden die Ellipsen und um so enger wird der Zusammenhang.

Diese zunächst rein anschaulichen Überlegungen kann man mathematisch folgendermaßen präzisieren: Der Umstand, daß die Achsen der konzentrischen Ellipsen nicht parallel zu den Koordinatenachsen verlaufen, drückt sich durch das Hinzutreten des gemischten Gliedes aus. Somit erhält man als Funktionsgleichung der elliptischen Verteilung:

$$\dot{\psi}(x;y) = \frac{1}{\sigma_1\,\sigma_2\,2\,\pi\,\sqrt{1-\varrho^2}}\,e^{-\frac{1}{2}\,g\,(x;y)} \qquad (6.2\text{--}7)$$

$$\psi(x;y) = \frac{1}{1-\varrho^2}\left[\left(\frac{x-\mu_1}{\sigma_1}\right)^2 - \frac{2\,\varrho\,(x-\mu_1)\,(y-\mu_2)}{\sigma_1\,\sigma_2} + \left(\frac{y-\mu_2}{\sigma_2}\right)^2\right]$$

$$0 \le \varrho^2 < 1.$$

6.3. Korrelationskoeffizient einer Grundgesamtheit mit elliptischer Verteilung

Welche Bedeutung hat im Ansatz Gl. (6.2–7) die Größe ϱ? Man erkennt sofort in bezug auf die Gln. (6.2–5) und (6.2–6), daß X und Y voneinander unabhängig sind, wenn $\varrho = 0$ und umgekehrt: Wenn diese beiden Wahrscheinlichkeitsvariablen voneinander unabhängig sind, so ist $\varrho = 0$. Ist $0 < \varrho^2$, so muß ein Zusammenhang zwischen den beiden Wahrscheinlichkeitsvariablen vorhanden sein. Was geschieht, wenn $\varrho^2 \to 1$? Dies ergibt sich leicht für einen Sonderfall. Der Winkel α zwischen den großen Halbachsen der Ellipsen und der positiven Richtung der x-Achse erfüllt die Gleichung:

$$\tan(2\,\alpha) = \frac{2\,\varrho\,\sigma_1\,\sigma_2}{\sigma_1^2 - \sigma_2^2}$$

Wenn $\sigma_1 = \sigma_2$, so folgt daraus, daß $\alpha = 45°$ ist. Dann gilt für die Exzentrizität der Ellipsenschar:

$$\varepsilon^2 = \frac{2\,|\varrho|}{1+|\varrho|}$$

Ist also $\varrho = 0$, so entarten die Ellipsen zu konzentrischen Kreisen, und die beiden Wahrscheinlichkeitsvariablen sind unabhängig voneinander. Wenn $0 < |\varrho| < 1$, so entfernen sich mit wachsendem $|\varrho|$ die Ellipsen immer mehr von der Kreisform, d. h. der Zusammenhang zwischen den Variablen wird immer enger und nähert sich einem linearen stochastischen Zusammenhang 1. Art immer mehr an.

Die Größe ϱ^2 und damit auch ϱ selbst bestimmen also das Maß des Zusammenhangs zwischen den Variablen X und Y einer elliptischen Verteilung. Daher nennt man ϱ den Korrelationskoeffizienten und $B = \varrho^2$ sein Bestimmtheitsmaß. Beide werden als Maßzahl in der Praxis benutzt.

Bei der elliptischen Verteilung gibt es zwei Regressionsgeraden, welche die Gleichungen haben:

$$\bar{y}(x) = \mu_2 + \varrho\,\frac{\sigma_2}{\sigma_1}\,(x-\mu_1)$$

$$\bar{x}(y) = \mu_1 + \varrho\,\frac{\sigma_1}{\sigma_2}\,(y-\mu_2)$$

$$(6.3\text{--}1)$$

Sie schneiden sich im Mittelpunkt der Verteilung, d. h. in $M(\mu_1; \mu_2)$. Nach Gl. (6.3–1) sind die Regressionskoeffizienten:

$$\beta_{yx} = \varrho \, \frac{\sigma_2}{\sigma_1}; \quad \beta_{yx} = \varrho \, \frac{\sigma_1}{\sigma_2}; \quad \beta_{yx} \, \beta_{yx} = \varrho^2 \qquad (6.3–2)$$

Ihre Bedeutung wird durch folgende Überlegung noch klarer: Wenn eine lineare Funktion der Form $y = a + b \, x$ gegeben ist, so ist ihre Umkehrfunktion:

$$x = \frac{1}{b} \, y - \frac{a}{b}$$

Beide stellen dieselbe Gerade dar. Das Produkt der Steigungen beider Gleichungen ist:

$$b \, \frac{1}{b} = 1$$

Nach Gl. (6.3–2) ist in der elliptischen Verteilung das Produkt der beiden Regressionskoeffizienten im allgemeinen $\varrho^2 < 1$. Durch ϱ^2 ist also die Abweichung von der Einheit bestimmt. Jetzt stimmt die Umkehrfunktion einer Regressionsgeraden nicht mit der zweiten Regressionsgeraden überein. Dies zeigt sich auch im Schnittwinkel φ der beiden Regressionsgeraden. Für ihn gilt:

$$\tan \varphi = \frac{\varrho^2 - 1}{\beta_{yx} + \beta_{yx}} \qquad (6.3–3)$$

Falls $\varrho^2 = 0$, so ist für $\varrho = 0$ nach Gl. (6.3–1) auch $\beta_{yx} = \beta_{yx} = 0$. Die beiden Regressionsgeraden stehen also senkrecht aufeinander, und die beiden Wahrscheinlichkeitsvariablen sind voneinander unabhängig. Wenn $0 < \varrho^2 \to 1$, so verkleinert sich der Schnittwinkel, d. h. die beiden Regressionsgeraden nähern sich dem Zusammenfall und einer linearen funktionalen Beziehung zueinander. Der Schnittwinkel φ der beiden Regressionsgeraden kann also auch als Maß des Zusammenhangs einer elliptischen Verteilung angesehen werden (Bild 34). Es sei noch vermerkt, daß beim stochastischen Zusammenhang 1. Art eine zweite Regressionsgerade nicht in Betracht kommt.

6.4. Korrelationskoeffizient einer Stichprobe aus einer Grundgesamtheit mit elliptischer Verteilung [10.1]

Für die Anwendung ist es wichtig, Schätzwerte für den Regressionskoeffizienten β einer Grundgesamtheit mit einer elliptischen Verteilung zu erhalten. Man gewinnt sie, indem man Stichproben aus ihr betrachtet mit den Wertepaaren $x_\nu; y_\nu: \nu = 1, 2, \ldots N$. Man berechnet zunächst die Regressionskoeffizienten der beiden Regressionsgeraden:

$$\begin{aligned} y_g &= \bar{y} + b_{xy} \, (x - \bar{x}) \\ x_g &= \bar{x} + b_{yx} \, (y - \bar{y}) \end{aligned} \qquad (6.4–1)$$

Ihre Regressionskoeffizienten sind:

$$b_{xy} = \frac{s_{\bar{x}\bar{y}}}{s_{x\bar{x}}}; \quad b_{yx} = \frac{s_{\bar{x}\bar{y}}}{s_{y\bar{y}}} \tag{6.4-2}$$

Dann bildet man gemäß Gl. (6.3–2) das Produkt:

$$r^2 = b_{xy}\, b_{yx} = \frac{s_{\bar{x}\bar{y}}^2}{s_{x\bar{x}}\, s_{y\bar{y}}}$$

$$r^2 = \frac{s_{\bar{x}\bar{y}}^2}{s_{x\bar{x}}\, s_{y\bar{y}}} = \frac{\left[\displaystyle\sum_{\nu=1}^{N}(x_\nu - \bar{x})(y_\nu - \bar{y})\right]^2}{\displaystyle\sum_{\nu=1}^{N}(x_\nu - \bar{x})^2 \sum_{\nu=1}^{N}(y_\nu - \bar{y})^2} \tag{6.4-3}$$

Man kann beweisen, daß auch für r^2 $0 \le r^2 < 1$ gilt, d. h. $-1 < r < +1$.
Nun sind zwei Fälle zu unterscheiden:

1) Wenn in der zugehörigen Grundgesamtheit der Korrelationskoeffizient $\varrho = 0$ ist, so hat die Wahrscheinlichkeitsfunktion:

$$Z = R \sqrt{\frac{N-2}{1-R^2}} \tag{6.4-4}$$

eine T-Verteilung mit dem Freiheitsgrad $n = N - 2$. Man erhält R, indem man in Gl. (6.4–3) große Buchstaben für die Variablen Y_ν und X einsetzt. Die Funktion Gl. (6.4–4) kann herangezogen werden, um zu prüfen, ob die Stichprobe zu einer elliptischen Verteilung mit dem Korrelationskoeffizienten $\varrho = 0$ gehört oder nicht.
Man kann dazu auch das Bestimmtheitsmaß $B = r^2$ heranziehen. Denn die Wahrscheinlichkeitsfunktion:

$$Z = B\,\frac{N-2}{1-B} \tag{6.4-5}$$

hat eine F-Verteilung mit den Freiheitsgraden $n_1 = 1$ und $n_2 = N - 2$ [10.2].

2) Wenn in der zugehörigen elliptischen Verteilung $\varrho \neq 0$, so hat die Wahrscheinlichkeitsfunktion:

$$Z = \frac{1}{2}\ln\frac{1+R}{1-R} \tag{6.4-6}$$

für große Werte von N ($N \ge 50$) und für Werte $|r|$, die nicht zu nahe bei Eins liegen, annähernd eine Gauß'sche Normalverteilung mit dem Durchschnitt:

$$\mu_z = \frac{1}{2}\ln\frac{1+\varrho}{1-\varrho} \tag{6.4-7}$$

und der Streuung:

$$\sigma_z^2 = \frac{1}{N-3} \tag{6.4-8}$$

Folglich hat die Wahrscheinlichkeitsfunktion:

$$U = (Z - \mu_z) \sqrt{N - 3} \qquad (6.4-9)$$

unter den gleichen Bedingungen annähernd eine n o r m i e r t e Gauß'sche Normalverteilung.

Hieraus ergibt sich, daß gemäß den Gln. (6.4–6) und (6.4–7)

$$z = \frac{1}{2} \ln \frac{1 + r}{1 - r} \qquad (6.4-10)$$

ein Schätzwert für μ_z und damit r ein solcher für ϱ ist.

Um das Konfidenzintervall für $\varrho \neq 0$ zu bestimmen, errechnet man den Korrelationskoeffizienten r der Stichprobe und bestimmt zunächst die Konfidenzgrenzen für den Durchschnitt μ_z gemäß Gl. (6.4–7). Dazu errechnet man mit Hilfe von r aus Gl. (6.4–10) z_r. Diesen Wert setzt man in die Bereichsfunktion von Gl. (6.4–9) ein:

$$u = (z_r - \mu_z) \sqrt{N - 3} \qquad (6.4-11)$$

und rechnet nach μ_z aus:

$$\mu_z = z_r - \frac{u}{\sqrt{N - 3}} \qquad (6.4-12)$$

Nun wählt man ein Risikomaß: $\gamma = 1 - \alpha$; $\alpha_l + \alpha_r = \alpha$; $\alpha_l = \alpha_r = \dfrac{\alpha}{2}$ und bestimmt dazu in Tabelle 1 die beiden kritischen Werte $u_r = -u_l$. Sie setzt man beide in Gl. (6.4–12) ein und erhält so die Konfidenzgrenzen μ_{z_1} und μ_{z_2} für μ_z. Diese setzt man in die Umkehrfunktion von Gl. (6.4–10) ein:

$$r = \frac{e^{2z} - 1}{e^{2z} + 1} \qquad (6.4-13)$$

und erhält r_1 und r_2.

Das gesuchte Konfidenzintervall für $\varrho \neq 0$ ist dann:

$$r_1 \leq \varrho \leq r_2 \; [10.3]$$

6.5. Erweiterung des linearen elliptischen Zusammenhangs

Man kann die für zweidimensionale N o r m a l v e r t e i l u n g e n besprochenen Eigenschaften auf b e l i e b i g e zweidimensionale Verteilungen erweitern, wenn man einen l i n e a r e n Zusammenhang zwischen den beiden Wahrscheinlichkeitsvariablen X und Y voraussetzt. Dies ist jedoch wesentlich von theoretischem Interesse, weil die besprochenen Prüf- und Schätzmethoden nur für n o r m a l v e r t e i l t e Wahrscheinlichkeitsvariable gelten.

6.6. Grundsätze für Anwendungen

Zunächst ist zu bedenken, daß zwar die Unterschiede zwischen den Grundgesamtheiten von stochastischen Zusammenhängen 1. und 2. Art theoretisch eindeutig sind. In der Praxis hat man es jedoch immer mit Stichproben zu tun, die empirisch gewonnen werden. Die Frage, ob sie einer Grundgesamtheit von stochastischem Zusammenhang 1. oder 2. Art zugeordnet werden soll, kann nicht immer eindeutig beantwortet werden.

Ein stochastischer Zusammenhang 1. Art wird dann vorliegen, wenn die eine Variable ein Parameter der Zeit oder eine kontinuierliche wachsende Größe ist. Man nennt dann die Regressionskurven „Trends".

Ein stochastischer Zusammenhang 2. Art wird dann angenommen, wenn die Anwendungen beider Wahrscheinlichkeitsvariablen gleichartig sind, d. h. keine vor der andern in ihrer Beziehung zueinander ausgezeichnet erscheint, wie z. B. Körpergewicht und Körpergröße.

Schließlich ist zu beachten, daß der Korrelationskoeffizient an sich eine rein rechnerische Größe ist, d. h. wenn eine zweidimensionale Zahlenmenge r e c h n e r i s c h einen bestimmten Wert für r nahe der Einheit liefert, so ist an sich damit noch nichts darüber ausgesagt, ob dies für die W i r k - l i c h k e i t von Bedeutung ist. Nur wenn die Stichproben aus Werten bestehen, die aus Grundgesamtheiten von W i r k l i c h k e i t s z u - s a m m e n h ä n g e n stammen, sagen sie über diese etwas aus.

Dabei gelten über den Grad des Zusammenhangs folgende Beurteilungen:

Korrelationskoeffizient	Zusammenhang
$0\ <\ |\varrho|\ <\ 0,2$	praktisch nicht
$0,2\ \leq\ |\varrho|\ <\ 0,5$	schwach
$0,5\ \leq\ |\varrho|\ <\ 0,75$	mittelstark
$0,75\ \leq\ |\varrho|\ <\ 0,95$	stark
$0,95\ \leq\ |\varrho|\ \leq\ 1,00$	praktisch voll

Ist $\varrho = 0$, so nennt man die Wahrscheinlichkeitsvariablen stochastisch unabhängig.

Ist $r > 0$, so s t e i g e n die b e i d e n Regressionsgeraden, ist $r < 0$, so f a l l e n b e i d e.

Wenn die Linearität des stochastischen Zusammenhangs 2. Art problematisch ist, so kann man sie gemäß Abschn. 5.3 prüfen. In der Praxis wird man im allgemeinen zunächst auf $\varrho = 0$ prüfen, um festzustellen, ob überhaupt ein stochastischer Zusammenhang 2. Art vorliegt. Ist das der Fall, so wird man Vertrauensgrenzen für $\varrho \neq 0$ bestimmen [10.2/3].

Rechenschemata und Zahlenbeispiele

7. Stichproben einer eindimensionalen Grundgesamtheit
7.1. Berechnung von Durchschnitt und Varianz [1.1]
7.1.1. Urliste und Strichliste

U r l i s t e

Elemente	$x_\nu;\ \nu = 1, 2, 3, \ldots N$
Summe	$T_x = \sum\limits_{\nu=1}^{N} x_\nu$
Durchschnitt	$\bar{x} = \dfrac{T_x}{N}$
Summe der Abweichungsquadrate	$s_{x\bar{x}} = \sum\limits_{\nu=1}^{N} (x_\nu - \bar{x})^2 = \sum\limits_{\nu=1}^{N} x_\nu^2 - \dfrac{T_x^2}{N}$
Varianz	$s^2 = \dfrac{s_{x\bar{x}}}{N-1}$
Standardabweichung	s

S t r i c h l i s t e

Elemente	$x_j;\ j = 1, 2, \ldots m$
Anzahl der x_j	$N_j;\ N = \sum\limits_{j=1}^{m} N_j$
Relative Häufigkeit	$r_j = \dfrac{N_j}{N}$
Summe	$T_x = \sum\limits_{j=1}^{m} N_j\, x_j$
Durchschnitt	$\bar{x} = \dfrac{T_x}{N}$
Varianz	$s_{x\bar{x}} = \sum\limits_{j=1}^{m} N_j\, (x_j - \bar{x})^2 = \sum\limits_{j=1}^{m} N_j\, x_j^2 - \dfrac{T_x^2}{N}$

Zahlenbeispiel

Urliste x_ν; $\nu = 1, 2, \ldots 100$

51	53	55	57	54	56	53	55	58	56	54	58	55	59	54	58	55	60	56	53
54	57	55	53	52	56	55	54	58	53	56	59	54	56	52	55	56	51	57	55
55	52	56	54	57	55	54	50	57	55	54	56	57	55	57	53	55	56	55	57
56	54	58	55	57	53	55	57	54	58	52	55	60	51	56	58	54	52	56	55
53	55	57	56	54	58	55	53	59	55	56	53	56	55	59	54	56	53	56	54

Strichliste x_j; $j = 1, 2, \ldots 11$

x_j	50	51	52	53	54	55	56	57	58	59	60
N_j	1	3	5	11	15	22	17	12	8	4	2

Rechentabelle

N_j	x_j	$N_j\,x_j$	x_j^2	$N_j\,x_j^2$	$(x_j + 1)^2$	$N_j\,(x_j + 1)^2$
1	50	50	2500	2 500	2601	2 601
3	51	153	2601	7 803	2704	8 112
5	52	260	2704	13 520	2809	14 045
11	53	583	2809	30 899	2916	32 076
15	54	810	2916	43 740	3025	45 375
22	55	1210	3025	66 550	3136	68 992
17	56	952	3136	53 312	3249	55 233
12	57	684	3249	38 988	3364	40 368
8	58	464	3364	26 912	3481	27 848
4	59	236	3481	13 924	3600	14 400
2	60	120	3600	7 200	3721	7 442

Summe: 100   5522   33385   305 348   316 492

Kontrolle

$$N_j\,(x_j + 1)^2 = N_j\,x_j^2 + 2\,N_j\,x_j + N_j$$

$$\sum_{j=1}^{m} N_j\,(x_j + 1)^2 = \sum_{j=1}^{m} N_j\,x_j^2 + 2 \sum_{j=1}^{m} N_j\,x_j + N$$

$$316\,492 = 305\,348 + 11\,044 + 100 = 316\,492$$

Durchschnitt

$$\bar{x} = \frac{5522}{100} = 55{,}22$$

$$T_x^2 = 5522^2 = 30\,492\,484$$

$$s_{x\bar{x}} = 305\,384 - 304\,924{,}84 = 423{,}16$$

Varianz

$$s^2 = \frac{423{,}16}{99} = 4{,}27$$

Standardabweichung $s = 2{,}07$

Anmerkung

Im Bereich $\bar{x} - s \leq x_j \leq \bar{x} + s$; $53{,}15 \leq x_j \leq 57{,}29$
liegen 67 Elemente der Stichprobe, d. h. 67 %.
Im Bereich $\bar{x} - 3\,s \leq x_j \leq \bar{x} - 3\,s$; $49{,}01 \leq x_j \leq 61{,}43$
liegen 100 Werte, d. h. 100 %.

7.1.2. Nullpunktverschiebung

Die Rechnungen werden einfacher, wenn man eine Nullpunktverschiebung vornimmt, d. h. von jeder Zahl x_j eine zweckmäßig gewählte Größe d abzieht. Man erhält dann eine neue Liste mit den Elementen $z_j = x_j - d$. Die Häufigkeit der z_j-Elemente ist gleich der der x_j.

Elemente	$z_j = x_j - d$
Summe	$T_z = \displaystyle\sum_{j=1}^{m} z_j$
Durchschnitt	$\bar{z} = \dfrac{T_z}{N}$
Summe der Abweichungsquadrate	$s_{z\bar{z}} = \displaystyle\sum_{j=1}^{m} N_j\, z_j^2 - \dfrac{T_z^2}{N}$
Umrechnung auf x	$\bar{x} = \bar{z} + d$
	$s_{x\bar{x}} = s_{z\bar{z}}$
	$s^2 = \dfrac{s_{x\bar{x}}}{N - 1}$

Zahlenbeispiel

Es werden die Ur- bzw. Strichliste von 7.1.1. zugrunde gelegt. Man wählt in diesem Falle zweckmäßig $d = 55$. Dann ist $z_j = x_j - 55$. Die Umrechnung ergibt folgende Rechentabelle:

x_j	$z_j = x_j - 55$	N_j	$N_j\, z_j$	z_j^2	$N_j\, z_j^2$
50	-5	1	-5	25	25
51	-4	3	-12	16	48
52	-3	5	-15	9	45
53	-2	11	-22	4	44
54	-1	15	-15	1	15
55	0	22	0	0	0
56	1	17	17	1	17
57	2	12	24	4	48
58	3	8	24	9	72
59	4	4	16	16	64
60	5	2	10	25	50
		100	22		428

$$\bar{z} = \frac{22}{100} = 0{,}22 \qquad \bar{x} = 0{,}22 + 55{,}00 = 55{,}22$$

$$s_{z\bar{z}} = 428 - \frac{22^2}{100} = 428 - 4{,}84 = 423{,}16$$

$$s_{x\bar{x}} = 423{,}16$$

$$s^2 = \frac{423{,}16}{99} = 4{,}27$$

Man erhält für den Durchschnitt $\bar{x}$ und die Varianz s^2 also die gleichen Werte wie in Abschn. 7.1.1., nur über kleinere Zahlen errechnet.

7.1.3. Klasseneinteilung

Wenn viele dicht beieinanderliegende Werte x_ν gegeben sind, ist oft eine Klasseneinteilung zweckmäßig. Man bestimmt dazu eine Klassenbreite k und zählt die Anzahl der Urelemente, die in jede Klasse fällt.

Dann sind die neuen Elemente zu berechnen durch:

$$z_j = \frac{x_j - d}{k} \qquad\qquad (7.1.3\text{--}1)$$

falls gleichzeitig auch eine Nullpunktverschiebung d vorgenommen wird. Die Anzahl der z_j in der Klasse j sei N_j. Man bestimmt zunächst:

$$T_z = \sum_{j=1}^{m} N_j\, z_j; \quad \bar{z} = \frac{T_z}{N}\,; \quad s_{z\bar{z}} = \sum_{j=1}^{m} N_j\, z_j^2 - \frac{T_z^2}{N}$$

Dann ergibt die Umrechnung auf x:

$$\bar{x} = d + k\,\bar{z} \qquad s_{x\bar{x}} = k^2\, s_{z\bar{z}} \qquad s^2 = \frac{s_{x\bar{x}}}{N-1}$$

Zahlenbeispiel

Es wird die Ur- bzw. Strichliste von Abschn. 7.1.1. zugrunde gelegt. Als Klassenbreite wird $k = 1{,}2$ gewählt. Die Nullpunktverschiebung sei wieder $d = 55$. Man geht von diesem Wert aus und trägt auf der x-Achse die Klassenbreite k aneinander ab. Zur Vereinfachung der Rechnung geht man nun von den Klassenmitten als neuen Elementen aus. Man erhält dann folgende Rechentabelle:

Kl.M.	$x_j - 55$	$z_j = \dfrac{x_j - 55}{1{,}2}$	N_j	$N_j\, z_j$	z_j^2	$N_j\, z_j^2$
50,2	$-4{,}8$	-4	1	$-\ 4$	16	16
51,4	$-3{,}6$	-3	6*	-18	9	54
52,6	$-2{,}4$	-2	13*	-26	4	52
53,8	$-1{,}2$	-1	15	-15	1	15
55,0	0	0	22	0	0	0
56,2	$+1{,}2$	$+1$	17	$+17$	1	17
57,4	$+2{,}4$	$+2$	16*	$+32$	4	64
58,6	$+3{,}6$	$+3$	8*	$+24$	9	72
59,8	$+4{,}8$	$+4$	2	$+\ 8$	16	32
		0	100	$+18$		322

$$\bar{z} = \frac{18}{100} = 0{,}18 \quad \bar{x} = 55 + 1{,}2 \cdot 0{,}18 = 55 + 0{,}216 = 55{,}216$$

$$s_{z\bar{z}} = 322 - \frac{324}{100} = 322 - 3{,}24 = 318{,}76$$

$$s_{x\bar{x}} = 1{,}2^2 \cdot 318{,}76 = 459{,}0144 \qquad s^2 = \frac{459{,}0144}{99} = 4{,}6668.$$

* Bei der Bestimmung der Anzahl N_j verteilt man die auf eine Klassengrenze fallenden Werte je zur Hälfte auf die beiden angrenzenden Klassen auf.

Man sieht, daß man für $\bar{x}$ und s^2 Annäherungswerte erhält. Dies kommt dadurch zustande, daß man statt der Urelemente die Klassenmitten zur Berechnung von z_j zugrunde legt. Die Abweichung vom Durchschnitt ist immer kleiner als von der Varianz. Man kann diese Abweichungen abschätzen. Da man sie jedoch bei einer vorzunehmenden Prüfung nicht verwenden darf, wird auf diese Rechnung verzichtet.

7.2. Prüfung des Durchschnitts von Stichproben einer Grundgesamtheit mit Gauß'scher Normalverteilung

7.2.1. Eine Stichprobe [3.5.1.]

7.2.1.1. Die Varianz der Grundgesamtheit ist bekannt

7.2.1.1.1. Prüfung auf $\mu = \mu_0$ oder $\mu > \mu_0$

Prüfwert	$z_p = \dfrac{\bar{x} - \mu_0}{\sigma} \sqrt{N}$; $(u = z_p;\ z = \bar{x})$ [Gl. (3.2–5)]
Verteilung	Normierte Normalverteilung
Risikomaß	α_r
Kritischer Wert	z_r
Beurteilung	$z_p \leq z_r$ Zuzählung zu $\mu = \mu_0$ und nicht $\mu > \mu_0$
	$z_p > z_r$ Zuzählung zu $\mu > \mu_0$ und nicht $\mu = \mu_0$
Gütemaß des Testes	Es wird der Wert x_r bestimmt, der zu z_r gehört, aus [Gl. (4.1–2)]:

$$\frac{x_r - \mu_0}{\sigma} \sqrt{N} = z_r$$

$$x_r = \frac{z_r\,\sigma}{\sqrt{N}} + \mu_0$$

Für ein μ in der Nachbarschaft von μ_0 ist das Gütemaß:

$$\beta(\mu) = 1 - \Phi\left(\frac{x_r - \mu}{\sigma} \sqrt{N}\right) \qquad \text{[Gl. (4.1–4)]}$$

Zahlenbeispiel

Es wird die Stichprobe von Beispiel in Abschn. 7.1.1 zugrunde gelegt. Ihr Durchschnitt ist $\bar{x} = 55{,}22$ und $N = 100$. Als Varianz der Normalverteilung wird $\sigma^2 = 4$ angenommen. Geprüft wird, ob $\mu = 55{,}00$ oder $\mu > 55{,}00$.

Prüfwert	$z_p = \dfrac{55{,}22 - 55}{2} \sqrt{100} = 1{,}1$
Risikomaß	$\alpha_r = 0{,}05$

Kritischer Wert	$z_r = 1{,}645$ (Tabelle 1a)
Beurteilung	$z_p = 1{,}1 < z_r = 1{,}645$
	Stichprobe wird zu $\mu_0 = 55$ und nicht zu $\mu > 55$ gezählt.

Gütemaß

$$1 - \Phi \left(\frac{55{,}329 - \mu}{2} \ 10 \right) = \beta(\mu)$$

$$\text{da} \ \ x_r = \frac{1{,}645 \cdot 2}{10} + 55 = 55{,}329$$

7.2.1.1.2. Prüfung auf $\mu = \mu_0$ oder $\mu < \mu_0$

Prüfwert und Verteilung wie in Abschn. 7.2.1.1.1

Risikomaß	α_l
Kritischer Wert	z_l
Beurteilung	$|z_p| \leq |z_l|$ Zuzählung zu $\mu = \mu_0$ und nicht zu $\mu < \mu_0$
	$|z_p| > |z_l|$ Zuzählung zu $\mu < \mu_0$ und nicht zu $\mu = \mu_0$

Gütemaß

$$x_l = \frac{z_l \, \sigma}{\sqrt{N}} + \mu_0 ; \quad \beta(\mu) = \Phi \left(\frac{x_l - \mu}{\sigma} \sqrt{N} \right)$$

$$[\text{Gl. (4.1–5)}]$$

Zahlenbeispiel

Stichprobe mit Durchschnitt $\bar{x} = 54{,}78$; $\mu_0 = 55{,}00$ Varianz $\sigma^2 = 4$ und $N = 100$.

Prüfwert

$$z_p = \frac{54{,}78 - 55}{2} \sqrt{100} = -1{,}1$$

Risikomaß	$\alpha_l = 0{,}05$
Kritischer Wert	$z_l = -1{,}645$ (Tabelle 1a)
Beurteilung	$|z_p| < |z_l|$ Zuzählung zu $\mu_0 = 55$ und nicht zu $\mu < 55$

Gütemaß

$$\beta(\mu) = \Phi \left(\frac{54{,}671 - \mu}{2} \ 10 \right)$$

$$\text{da} \ \ x_l = \frac{-1{,}645 \cdot 2}{10} + 55 = 54{,}671.$$

7.2.1.1.3. Prüfung auf $\mu = \mu_0$ oder $\mu \lessgtr \mu_0$

Prüfwert und Verteilung wie in 7.2.1.1.1

Risikomaß	$\alpha_r = \alpha_l$
Kritischer Wert	$z_r = -z_l$
Beurteilung	$|z_p| \leq z_r$; Zuzählung zu $\mu = \mu_0$ und nicht zu $\mu \lessgtr \mu_0$
	$|z_p| > z_r$; Zuzählung zu $\mu \lessgtr \mu_0$, nicht zu $\mu = \mu_0$

Gütemaß

$$\beta(\mu) = 1 + \Phi \left(\frac{x_l - \mu}{\sigma} \sqrt{N} \right) - \Phi \left(\frac{x_r - \mu}{\sigma} \sqrt{N} \right)$$

$$[\text{Gl. (4.1–6)}]$$

Zahlenbeispiel

$\bar{x} = 55{,}22$; $N = 100$; $\sigma^2 = 4$; $\mu_0 = 55{,}00$

Prüfwert	$z_p = 1{,}1$
Risikomaß	$\alpha_r = \alpha_l = 0{,}025$
Kritische Werte	$z_r = 1{,}96$; $z_l = -1{,}96$ (Tabelle 1b)
Beurteilung	$|z_p| \leq z_r$ Zuzählung zu $\mu_0 = 55$, nicht zu $\mu \lessgtr 55$
Gütemaß	Zu z_l gehört:

$$x_l = \frac{z_l\,\sigma}{\sqrt{N}} + \mu_0 = \frac{-1{,}96 \cdot 2}{\sqrt{100}} + 55 = 54{,}608$$

Zu z_r gehört:

$$x_r = \frac{z_r\,\sigma}{\sqrt{N}} + \mu_0 = \frac{1{,}96 \cdot 2}{\sqrt{100}} + 55 = 55{,}392$$

Daher

$$\beta(\mu) = 1 + \Phi\left(\frac{54{,}608 - \mu}{0{,}2}\right) - \Phi\left(\frac{55{,}392 - \mu}{0{,}2}\right)$$

7.2.1.2. Die Varianz der Grundgesamtheit ist unbekannt

7.2.1.2.1. Prüfung auf $\mu = \mu_0$ oder $\mu > \mu_0$

Prüfwert	$z_p = \dfrac{\bar{x} - \mu_0}{s}\sqrt{N}$	[Gl. (3.5–8)]

Verteilung	T-Verteilung
Freiheitsgrad	$n = N - 1$
Risikomaß	α_r
Kritischer Wert	z_r
Beurteilung	$z_p \leq z_r$ Zuzählung zu $\mu = \mu_0$, nicht zu $\mu > \mu_0$
	$z_p > z_r$ Zuzählung zu $\mu > \mu_0$, nicht zu $\mu = \mu_0$

Zahlenbeispiel

Es werden die Werte der Liste in Abschn. 7.2.1.1.1 zugrunde gelegt.

$\bar{x} = 55{,}22$; $s = 2{,}07$; $N = 100$; $\mu_0 = 55{,}00$

Prüfwert	$z_p = \dfrac{55{,}22 - 55}{2{,}07}\sqrt{100} = 1{,}065$
Risikomaß	$\alpha_r = 0{,}05$
Freiheitsgrad	$n = 99$
Kritischer Wert	$z_r = 1{,}66$ (Tabelle 2)
Beurteilung	$z_p = 1{,}065 < z_r = 1{,}66$; Zuzählung zu $\mu_0 = 55$, nicht zu $\mu > 55$

7.2.1.2.2. *Prüfung auf* $\mu = \mu_0$ *oder* $\mu < \mu_0$

Prüfwert, Verteilung und Freiheitsgrad wie 7.2.1.2.1

Risikomaß	α_l
Kritischer Wert	z_l
Beurteilung	$|z_p| < |z_l|$; Zuzählung zu $\mu = \mu_0$, nicht zu $\mu < \mu_0$
	$|z_p| > |z_l|$; Zuzählung zu $\mu < \mu_0$, nicht zu $\mu = \mu_0$

Zahlenbeispiel

$\bar{x} = 54{,}78$; $s = 2{,}07$; $N = 100$; $\mu_0 = 55{,}00$

Prüfwert	$z_p = \dfrac{54{,}78 - 55}{2{,}07}\, 10 = -1{,}065$
Risikomaß	$\alpha_l = 0{,}05$
Kritischer Wert	$z_l = -1{,}66$
Beurteilung	$|z_p| < |z_l|$; Zuzählung zu $\mu_0 = 55$, nicht zu $\mu < 55$

7.2.1.2.3. *Prüfung auf* $\mu = \mu_0$ *oder* $\mu \lessgtr \mu_0$

$\bar{x} = 54{,}78$; $s = 2{,}07$; $N = 100$; $\mu_0 = 55{,}00$; $n = 99$

Prüfwert wie 7.2.1.2.2 $z_p = -1{,}065$

Risikomaß	$\alpha_r = \alpha_l = 0{,}025$
Kritische Werte	$z_r = 1{,}98$; $z_l = -1{,}98$ (Tabelle 2)
Beurteilung	$|z_p| < |z_r|$; Zuzählung zu $\mu_0 = 55$, nicht zu $\mu \lessgtr 55$

7.2.2. Zwei unabhängige Stichproben [3.5.2]

Die Varianzen der Grundgesamtheiten sind gleich, aber unbekannt.

Prüfung auf $\mu_1 = \mu_2$ oder $\mu_1 > \mu_2$

Prüfwert	$z_p = \dfrac{\bar{x}' - \bar{x}''}{\sqrt{\dfrac{s'_{x\bar{x}} + s''_{x\bar{x}}}{N_1 + N_2 - 2}}} \sqrt{\dfrac{N_1 N_2}{N_1 + N_2}}$ [Gl. (3.5-9)]
Verteilung	T-Verteilung
Freiheitsgrad	$n = N_1 + N_2 - 2$
Risikomaß	α_r
Kritischer Wert	z_r
Beurteilung	$z_p \leq z_r$; Zuzählung zu $\mu_1 = \mu_2$, nicht $\mu_1 > \mu_2$
	$z_p > z_r$; Zuzählung zu $\mu_1 > \mu_2$, nicht $\mu_1 = \mu_2$

Zahlenbeispiel

Gegebene Werte der beiden Stichproben:

N_1	$\bar{x}'$	N_2	$\bar{x}''$	$s'_{x\bar{x}}$	$s''_{x\bar{x}}$
100	55,22	110	55,10	423,16	428,25

Prüfwert
$$z_p = \frac{55,50 - 55,22}{\sqrt{\dfrac{423,16 + 428,25}{100 + 110 - 2}}} \sqrt{\frac{100 \cdot 110}{100 + 110}} = 1,02$$

Risikomaß $\quad \alpha_r = 0,05$

Freiheitsgrad $\quad n = 100 + 110 - 2 = 208$

Kritischer Wert $\quad z_r = 1,65$ (Tabelle 2)

Beurteilung $\quad z_p < z_r$; Zuzählung zu $\mu_1 = \mu_2$, nicht $\mu_1 > \mu_2$

Die Prüfung auf $\mu_1 = \mu_2$ oder $\mu_1 < \mu_2$ geht entsprechend 7.2.1.2.2 unter Benutzung von [Gl. 3.5–9].

Die Prüfung $\mu_1 = \mu_2$ oder $\mu_1 \lessgtr \mu_2$ geht entsprechend 7.2.1.2.3 unter Benutzung von [Gl. 3.5–9].

7.2.3. Mehrere unabhängige Stichproben (Varianzanalyse) [3.5.3]

Die Varianzen der Grundgesamtheiten sind gleich, aber unbekannt.

Prüfwert
$$z_p = \frac{d}{\bar{u}}$$

$$d = \sum_{j=1}^{m} \left(\frac{T_j^2}{N_j} \right) - \frac{T^2}{N}; \quad d = \frac{d}{m-1}$$

$$\bar{u} = \frac{u}{N - m}$$

$$u = \sum_{j=1}^{m} s_{x\bar{x}}^{(j)}$$

$$s_{x\bar{x}}^{(j)} = \sum_{\nu=1}^{N_j} \left(x_\nu^{2\,(j)} - \frac{T_j}{N_j} \right)$$

Verteilung $\quad$ F-Verteilung

Freiheitsgrad $\quad n_1 = m - 1; \quad n_2 = N - m$

Risikomaß $\quad \alpha_r$

Kritischer Wert $\quad z_r$

Beurteilung $\quad z_p \leq z_r$; Zuzählung zu $\mu_1 = \mu_2 = \ldots = \mu_m$

$\quad\quad\quad\quad\quad z_p > z_r$; Annahme, daß nicht alle μ signifikant einander gleich sind

Zahlenbeispiel

x'	x''	x'''	x'^2	x''^2	x'''^2
1	1,5	2,8	1	2,25	7,84
2	2,2	4,5	4	4,84	20,25
3	6,3	8,0	9	39,69	64,00
4	5,1		16	26,01	
5			25		
15	15,1	15,3	55	72,79	92,09

$N_1 = 5$; $N_2 = 4$; $N_3 = 3$; $N = 5 + 4 + 3 = 12$; $m = 3$:

$T_1 = 15$; $T_2 = 15,1$; $T_3 = 15,3$; $T = 45,4$

$T_1^2 = 225$; $T_2^2 = 228,01$; $T_3^2 = 234,09$; $T^2 = 2061,16$

$\dfrac{T_1^2}{5} = 45$; $\dfrac{T_2^2}{4} = 57,0025$; $\dfrac{T_3^2}{3} = 78,03$; $\dfrac{T^2}{12} = 171,7633$

$$\bar{d} = \frac{45 + 57,0025 + 78,03 - 171,7633}{3 - 1} = 4,1346$$

$s_{x\bar{x}}^{(1)} = 55 - 45 = 10$; $s_{x\bar{x}}^{(2)} = 72,79 - 57,0025 = 15,7875$;

$s_{x\bar{x}}^{(3)} = 92,09 - 78,03 = 14,06$; Summe: $39,8475 = u$

$$\bar{u} = \frac{39,8475}{9} = 4,4295; \quad z_p = \frac{4,1346}{4,4295} = 0,934$$

Risikomaß $\qquad\qquad \alpha_r = 0,05$; $n_1 = 3 - 1 = 2$; $n_2 = 12 - 3 = 9$

Kritischer Wert $\qquad z_r = 4,26 > 0,934 = z_p$ (Tabelle 4a)

Beurteilung $\qquad\qquad$ Die Durchschnitte weichen signifikant nicht voneinander ab.

7.3. Prüfung der Varianz von Stichproben einer Grundgesamtheit mit Gauß'scher Normalverteilung, deren Durchschnitt unbekannt ist [3.5.1]

7.3.1. Eine Stichprobe

7.3.1.1. Prüfung auf σ_0^2 oder $\sigma^2 > \sigma_0^2$

Prüfwert $\qquad\qquad z_p = \dfrac{s^2}{\sigma_0^2}(N - 1)$ $\qquad\qquad$ [Gl. (3.5–4)]

Verteilung $\qquad\qquad$ Chi-Quadrat-Verteilung

Freiheitsgrad $\qquad\quad n = N - 1$

Risikomaß $\qquad\qquad \alpha_r$

Kritischer Wert $\qquad z_r$

Beurteilung $\qquad\qquad z_p \leq z_r$; Zuzählung zu σ_0^2, nicht zu $\sigma^2 > \sigma_0^2$
$\qquad\qquad\qquad\qquad z_p > z_r$; Zuzählung zu $\sigma^2 > \sigma_0^2$, nicht zu σ_0^2

89

Zahlenbeispiel

$N = 20;$ $\sigma_0^2 = 4,00;$ $s^2 = 4,50$

Prüfwert	$z_p = \dfrac{4,5}{4,0}\, 19 = 21,375$
Risikomaß	$\alpha_r = 0,05$
Kritischer Wert	$z_r = 30,14$ (Tabelle 3)
Beurteilung	$z_p < z_r$; Zuzählung zu $\sigma_0^2 = 4$, nicht zu $\sigma^2 > 4$
Gütemaß	des Testes gegenüber $\sigma^2 = 10,00$ [4.1.2.2]

$$s^2 = \frac{z\,\sigma^2}{N-1} \qquad s_r^2 = \frac{30,14 \cdot 4}{19} = 6,34$$

$$z_{10} = \frac{19 \cdot 6,34}{10} = 12,01$$

$\beta\,(\sigma^2 = 10) = 1 - P\,(z \le 12,01) = 1 - 0,12 \approx 88\%$
(Tabelle 3).

7.3.1.2. Prüfung auf σ_0^2 oder $\sigma^2 < \sigma_0^2$

Prüfwert	$z_p = \dfrac{s^2}{\sigma_0^2}\,(N-1)$ [Gl. (3.5–4)]
Verteilung	Chi-Quadrat-Verteilung
Freiheitsgrad	$n = N - 1$
Risikomaß	α_1
Kritischer Wert	z_1
Beurteilung	$z_p \ge z_1$; Zuzählung zu σ_0^2, nicht zu $\sigma^2 < \sigma_0^2$
	$z_p < z_1$; Zuzählung zu σ^2, $< \sigma_0^2$ nicht zu σ_0^2

Zahlenbeispiel

$N = 20;$ $\sigma_0^2 = 4,00;$ $s^2 = 3,5$

Prüfwert	$z_p = \dfrac{3,5}{4,0}\, 19 = 16,625$
Risikomaß	$\alpha_1 = 0,05$
Kritischer Wert	$z_1 = 10,12$ (Tabelle 3)
Beurteilung	$z_p > z_1$ Zuzählung zu $\sigma_0^2 = 4$, nicht zu $\sigma^2 < 4$
Gütemaß	des Testes gegenüber $\sigma^2 = 1,5$ [4.1.2.2]

$$s^2 = \frac{z\,\sigma^2}{N-1} \qquad s_1^2 = \frac{10,12 \cdot 4}{19} = 2,13$$

$$z_{1,5} = \frac{19 \cdot 2,13}{1,5} = 26,95$$

$\beta\,(\sigma^2 = 1,5) = P\,(z \le 26,95) = 0,89 \approx 89\%.$

7.3.2. Zwei unabhängige Stichproben [3.5.2.2]

Prüfung auf $\sigma_1^2 = \sigma_2^2$ oder $\sigma_1^2 > \sigma_2^2$

Prüfwert	$z_p = \dfrac{s_1^2}{s_2^2}$	[Gl. (3.5–12)]

Verteilung $\qquad\qquad$ F-Verteilung

Freiheitsgrad $\qquad\quad$ $n_1 = N_1 - 1$; $n_2 = N_2 - 1$

Risikomaß $\qquad\qquad$ α_r

Kritischer Wert $\qquad$ z_r

Beurteilung $\qquad\qquad$ $z_p \le z_r$ Zuzählung zu $\sigma_1^2 = \sigma_2^2$, nicht zu $\sigma_1^2 > \sigma_2^2$
$\qquad\qquad\qquad\qquad$ $z_p > z_r$ Zuzählung zu $\sigma_1^2 > \sigma_2^2$, nicht zu $\sigma_1^2 = \sigma_2^2$

Zahlenbeispiel

$N_1 = 20$; $\quad s_1^2 = 12{,}23$; $\quad N_2 = 25$; $\quad s_2^2 = 10{,}34$

Prüfwert $\qquad\qquad$ $z_p = \dfrac{12{,}23}{10{,}34} = 1{,}183$

Risikomaß $\qquad\qquad$ $\alpha_r = 0{,}01$ Freiheitsgrad $n_1 = 19$; $n_2 = 24$

Kritischer Wert $\qquad$ $z_r = 2{,}77$ (Tabelle 4b)

Beurteilung $\qquad\qquad$ $z_p = 1{,}183 < 2{,}77$; Zuzählung zu $\sigma_1^2 = \sigma_2^2$, nicht zu $\sigma_1^2 > \sigma_2^2$

Anmerkung $\qquad\qquad$ Man wählt immer zum Index 1 die Stichprobe, deren Varianz größer ist.

7.3.3. Qualitätskontrolle [4.1.4]

Durchschnitt

Sollwert $\qquad\qquad$ $\mu_0 = 10$

Varianz $\qquad\qquad$ $\sigma^2 = 16$

Stichprobenumfang $\quad$ $N = 4$

Risikomaß $\qquad\qquad$ $\gamma = 0{,}99$; $\alpha_l = \alpha_r = 0{,}005$; $\alpha = 0{,}01$

Verteilung $\qquad\qquad$ Norm. Gauß'sche Normalverteilung

Kritische Werte $\qquad$ $z_l = -2{,}575$; $z_r = 2{,}575$ (Tabelle 1b)

Kontrollgrenzen $\qquad$ [Gl. (4.1–8)]

$$\bar{x}_l = 10 - \frac{2{,}575 \cdot 4}{2} = 4{,}85$$

$$\bar{x}_r = 10 + \frac{2{,}575 \cdot 4}{2} = 15{,}15$$

$$4{,}85 \le \bar{x} \le 15{,}15$$

Varianz

Sollwert	$\sigma_0^2 = 4$
Stichprobenumfang	$N = 5$
Risikomaß	$\gamma = 0{,}99$; $\alpha_l = \alpha_r = 0{,}005$
Verteilung	Chi-Quadrat-Verteilung
Freiheitsgrad	$n = N - 1 = 4$
Kritische Werte	$z_l = 0{,}21$; $z_r = 14{,}86$ (Tabelle 3)
Kontrollgrenzen	[Gl. (4.1–9)]

$$s_1^2 = \frac{0{,}21 \cdot 4}{4} = 0{,}21 \quad s_r^2 = \frac{14{,}86 \cdot 4}{4} = 14{,}86$$

$$0{,}21 \leq s^2 \leq 14{,}86$$

7.4. Konfidenzintervalle [4.2.2.]

7.4.1. Für den Durchschnitt μ einer Grundgesamtheit mit Gauß'scher Normalverteilung

7.4.1.1. Die Varianz der Grundgesamtheit ist bekannt

Konfidenzmaß	$\gamma = 1 - \alpha$; $\alpha_r = \alpha_l = \dfrac{\alpha}{2}$
Verteilung	Normierte Gauß'sche Normalverteilung
Kritische Werte	z_r und z_l; $z_r = -z_l = z_k$
Konfidenzfunktion	$z = \dfrac{\bar{x} - \mu}{\sigma} \sqrt{N}$; $\mu = \bar{x} + \dfrac{z_k\,\sigma}{\sqrt{N}}$ [Gl. (4.2–6)]
Konfidenzgrenzen	$u_u = \bar{x} - \dfrac{z_k\,\sigma}{\sqrt{N}}$; $u_o = \bar{x} + \dfrac{z_k\,\sigma}{\sqrt{N}}$
Konfidenzintervall	$\bar{x} - \dfrac{z_k\,\sigma}{\sqrt{N}} \leq \mu \leq \bar{x} + \dfrac{z_k\,\sigma}{\sqrt{N}}$

Zahlenbeispiel

$N = 100$; $\bar{x} = 3$; $\sigma^2 = 4$

Konfidenzmaß	$\gamma = 0{,}95$; $\alpha_r = \alpha_l = 0{,}025$
Kritische Werte	$z_r = 1{,}96$; $z_l = -1{,}96$; $z_k = 1{,}96$ (Tabelle 1b)
	$u_u = 3 - \dfrac{1{,}96 \cdot 2}{10}$; $u_o = 3 + \dfrac{1{,}96 \cdot 2}{10}$
Konfidenzintervall	$2{,}608 \leq \mu \leq 3{,}392$

7.4.1.2. Die Varianz der Grundgesamtheit ist unbekannt

Konfidenzmaß	$\gamma = 1 - \alpha$; $\alpha_r + \alpha_1 = \alpha$; $\alpha_r = \alpha_1 = \dfrac{\alpha}{2}$
Verteilung	T-Verteilung
Freiheitsgrad	$n = N - 1$
Kritische Werte	$z_r = -z_1 = z_k$

Konfidenzfunktion
$$z = \frac{\bar{x} - \mu}{s}\sqrt{N} \; ; \quad \mu = \bar{x} + \frac{z\,s}{\sqrt{N}}$$

$$u_u = \bar{x} - \frac{z_k\,s}{\sqrt{N}} \; ; \quad u_o = \bar{x} + \frac{z_k\,s}{\sqrt{N}} \; ; \quad \text{[Gl. (4.2–13)]}$$

Konfidenzintervall
$$\bar{x} - \frac{z_k\,s}{\sqrt{N}} \le \mu \le \bar{x} + \frac{z_k\,s}{\sqrt{N}}$$

Zahlenbeispiel

$N = 30$; $\bar{x} = 3$; $s^2 = 6{,}25$; $s = 2{,}5$

Konfidenzmaß	$\gamma = 0{,}99$; $\alpha_1 = \alpha_r = 0{,}005$
Kritische Werte	$z_1 = -2{,}76$; $z_r = 2{,}76$; $z_k = 2{,}76$ (Tabelle 2)

Konfidenzgrenzen
$$u_u = 3 - \frac{2{,}76 \cdot 2{,}5}{\sqrt{29}} = 3 - 1{,}28 = 1{,}72$$

$$u_o = 3 + \frac{2{,}76 \cdot 2{,}5}{\sqrt{29}} = 3 + 1{,}28 = 4{,}28$$

Konfidenzintervall $\quad 1{,}72 \le \mu \le 4{,}28$

7.4.2. Konfidenzintervall für die Differenz $d = \mu_1 - \mu_2$ der Durchschnitte μ_1 und μ_2 der Grundgesamtheiten mit Gauß'scher Normalverteilung [3.5.2]

7.4.2.1. Die Varianzen der Grundgesamtheiten sind bekannt

Konfidenzmaß	$\gamma = 1 - \alpha$; $\alpha = \alpha_r + \alpha_1$; $\alpha_r = \alpha_1 = \dfrac{\alpha}{2}$
Verteilung	Normierte Gauß'sche Normalverteilung
Kritische Werte	$z_r = -z_1 = z_k$

Konfidenzfunktion
$$z = \frac{(\bar{x}' - \bar{x}'') - d}{\sqrt{\dfrac{\sigma_1^2}{N_1} + \dfrac{\sigma_2^2}{N_2}}} \quad \text{[Gl. (3.5–9a)]} \; \sigma_1^2 \approx s_1^2; \; \sigma_2^2 \approx s_2^2$$

$$d = (\bar{x}' - \bar{x}'') + z\,\sqrt{\frac{\sigma_1^2}{N_1} + \frac{\sigma_2^2}{N_2}}$$

Konfidenzintervall
$$(\bar{x}' - \bar{x}'') - z_k\,\sqrt{\frac{\sigma_1^2}{N_1} + \frac{\sigma_2^2}{N_2}} \le d \le (\bar{x}' - \bar{x}'') +$$

$$+ z_k\,\sqrt{\frac{\sigma_1^2}{N_1} + \frac{\sigma_2^2}{N_2}}$$

7.4.2.2. S o n d e r f a l l $N_1 = N_2 = N$; $\sigma_1^2 = \sigma_2^2 = \sigma^2$

Konfidenzintervall $\qquad (\bar{x}' - \bar{x}'') - z_k\,\sigma\,\sqrt{\dfrac{2}{N}} \le d \le (\bar{x}' - \bar{x}'') +$

$$+ z_k\,\sigma\,\sqrt{\frac{2}{N}}$$

7.4.2.3. D i e V a r i a n z e n d e r G r u n d g e s a m t h e i t e n s i n d u n b e k a n n t

Konfidenzmaß $\qquad \gamma = 1 - \alpha;\ \alpha = \alpha_r + \alpha_l;\ \alpha_r = \alpha_l = \dfrac{\alpha}{2}$

Verteilung $\qquad$ T-Verteilung

Freiheitsgrad $\qquad n = N_1 + N_2 - 2$

Konfidenzfunktion $\qquad$ [Gl. (3.5–9a)]

Konfidenzintervall $\qquad (\bar{x}' - \bar{x}'') - z_k\,\sqrt{\dfrac{s_1^2}{N_1} + \dfrac{s_2^2}{N_2}} \le d \le (\bar{x}' - \bar{x}'') +$

$$+ z_k\,\sqrt{\frac{s_1^2}{N_1} + \frac{s_2^2}{N_2}}$$

7.4.2.4. S o n d e r f a l l $N_1 = N_2 = N$; $s_1^2 = s_2^2 = s^2$

Konfidenzintervall $\qquad (\bar{x}' - \bar{x}'') - z_k\,s\,\sqrt{\dfrac{2}{N}} \le d \le (\bar{x}' - \bar{x}'') +$

$$+ z_k\,s\,\sqrt{\frac{2}{N}}$$

7.4.3. Konfidenzintervall für die Varianz σ^2 einer Grundgesamtheit mit Gauß'scher Normalverteilung mit unbekanntem μ

Konfidenzmaß $\qquad \gamma = 1 - \alpha;\ \alpha_r = \alpha_l = \dfrac{\alpha}{2}$

Verteilung $\qquad$ Chi-Quadrat-Verteilung

Freiheitsgrad $\qquad n = N - 1$

Kritische Werte $\qquad z_r;\ z_l;\ z_l < z_r$

Konfidenzfunktion $\qquad z = \dfrac{(N-1)\,s^2}{\sigma^2};\quad \sigma^2 = \dfrac{(N-1)\,s^2}{z} \qquad$ [Gl. (3.5–4)]

Konfidenzgrenze $\qquad u_0 = \dfrac{(N-1)\,s^2}{z_l};\quad u_u = \dfrac{(N-1)\,s^2}{z_r}\ (z_l < z_r)$

Konfidenzintervall $\qquad \dfrac{(N-1)\,s^2}{z_r} \le \sigma^2 \le \dfrac{(N-1)\,s^2}{z_l}$

Zahlenbeispiel

$N = 25; \quad s^2 = 1,25$

Kondidenzmaß	$\gamma = 99\%; \quad \alpha_r = \alpha_l = 0,005; \quad \alpha = 0,01$
Kritische Werte	$z_r = 45,6; \quad z_l = 9,9$ (Tabelle 3)
Konfidenzgrenze	$u_0 = \dfrac{24 \cdot 1,25}{9,9} = 3,030; \quad u_u = \dfrac{24 \cdot 1,25}{45,6} = 0,658$
Konfidenzintervall	$0,658 \leq \sigma^2 \leq 3,030.$

8. Prüfen einer Stichprobe auf Zuordnungsmöglichkeit zu einer Grundgesamtheit mit bekannter Wahrscheinlichkeitsverteilung [4.1.3]

8.1. Gauß'sche Normalverteilung [2.1]

Risikomaß α_r

Prüfverteilung Chi-Quadrat-Verteilung

Freiheitsgrad $n = m - 2 - 1 = m - 3$ (m Klassenanzahl)

Kritischer Wert z_r (Tabelle 3)

Prüfwert χ_0^2 [Gl. (4.1–7)]

Beurteilung $\chi_0^2 \leq z_r$; Zuzählung zur Vergleichsverteilung
$\chi_0^2 > z_r$; Nicht Zuzählung zur Vergleichsverteilung

Berechnung des Prüfwertes χ_0^2 aufgrund der Urliste $\mu \approx \overline{x} = 55{,}22$; $\sigma = 2{,}07$; $N = 100$

1		2	3		4	
x_{i1}	x_{ir}	N_i	$x_{i1} - \mu$	$x_{ir} - \mu$	z_{i1}	z_{ir}
$-\infty$	50,5	1	$-\infty$	$-4,72$	$-\infty$	$-2,280$
50,5	51,5	3	$-4,72$	$-3,72$	$-2,280$	$-1,797$
51,5	52,5	5	$-3,72$	$-2,72$	$-1,797$	$-1,314$
52,5	53,5	11	$-2,72$	$-1,72$	$-1,314$	$-0,831$
53,5	54,5	15	$-1,72$	$-0,72$	$-0,831$	$-0,348$
54,5	55,5	22	$-0,72$	$+0,28$	$-0,348$	$+0,135$
55,5	56,5	17	0,28	1,28	0,135	0,618
56,5	57,5	12	1,28	2,28	0,618	1,102
57,5	58,5	8	2,28	3,28	1,102	1,584
58,5	59,5	4	3,28	4,28	1,584	2,068
59,5	$+\infty$	2	4,28	$+\infty$	2,068	$+\infty$

$N = 100$

Schema zur Berechnung des Prüfwertes, durchgeführt mit der Urliste
(s. Abschn. 7.1.1)   untenstehende Tabelle

		Spalte
Klasseneinteilung der Urelemente	$x_{i1} \leq x_i < x_{ir}$	1
Anzahl in der Klasse i	N_i	2
Nullpunktverschiebung	$x_i - \mu$	3
Normalelemente (Für jede Grenze zu bilden)	$z_i = \dfrac{x_i - \mu}{\sigma}$; s. Gl. (7.1.3–1)	4
Summenwahrscheinlichkeit für jede Grenze	$\Phi(z_{i1})$; $\Phi(z_{ir})$	5
Wahrscheinlichkeit in Klasse i	$p_i = \Phi(z_{ir}) - \Phi(z_{i1})$	6
Wahrscheinliche Anzahl in Klasse i	$N\, p_i = q_i$	7
Differenz	$N_i - N\, p_i = N_i - q_i$	8
Quadrat	$(N_i - q_i)^2$	9
Quotient u_i^2	$u_i^2 = \dfrac{(N_i - q_i)^2}{q_i}$	10

5		6	7	8	9	10
$\Phi(z_{i1})$	$\Phi(z_{ir})$	p_i	q_i	$N_i - q_i$	$(N_i - q_i)^2$	u_i^2
0,0000	0,0113	0,0113	1,13 ⎫*			
0,0113	0,0362	0,0249	2,49 ⎬	$-0,44$	0,1936	0,0205
0,0362	0,0944	0,0582	5,82 ⎭			
0,0944	0,2030	0,1086	10,86	$+0,14$	0,0196	0,0018
0,2030	0,3638	0,1608	16,08	$-1,08$	1,1664	0,0758
0,3638	0,5537	0,1899	18,99	$-3,01$	9,0601	0,4526
0,5537	0,7317	0,1780	17,80	$-0,80$	0,6400	0,0359
0,7317	0,8647	0,1330	13,30	$-1,30$	1,6900	0,1227
0,8647	0,9434	0,0787	7,87	$+0,13$	0,0169	0,0022
0,9434	0,9807	0,0377	3,77 ⎫*			
0,9807	1,0000	0,0193	1,93 ⎭	$+0,30$	0,0900	0,0158

$$\chi_0^2 = 0,7273$$

* Anmerkung Klassen mit $q_i \leq 5$ werden zu einer zusammengefaßt, in der $q_i > 5$.

Risikomaß	$\alpha_r = 0{,}05$
Freiheitsgrad	$n = 8 - 3 = 5$
Kritischer Wert	$z_r = 11{,}07$ (Tabelle 3)
Beurteilung	$\chi_0^2 = 0{,}7273 < 11{,}07 = z_r$; Zuzählung zur Vergleichsverteilung

8.2. Poisson'sche Verteilung [2.3]

$$\psi(x) = \frac{\mu^x}{x!}\, e^{-\mu}; \quad x = 0, 1, 2, \ldots \qquad \text{Parameterzahl 1 } (\mu)$$

In diesem Falle ist die Vergleichsverteilung diskret mit den Merkmalzahlen gleich den ganzen positiven Zahlen. Man denkt sich diesen Bereich so aufgeteilt, daß die m-Klassen jeweils diese Merkmalzahlen einschließen.

Zahlenbeispiel

Merkmale	i	0	1	2	3	4	5	Durchschnitt:
Anzahl	N_i	50	34	13	6	1	0	$\bar{x} = \dfrac{82}{104} = 0{,}7883$

Berechnung der zu erwartenden Häufigkeit aufgrund der Vergleichsverteilung geschieht nach der Rekursionsformel Gl. (2.3–2). Für den Parameter μ wird ein Schätzwert genommen $\mu \approx \bar{x} = 0{,}7883$.

Die Rekursionsformel nimmt die Form an:

$$p(x + 1) = \frac{\mu}{x + 1}\, p(x); \quad x = 0, 1, 2, \ldots$$

Man erhält der Reihe nach die folgenden Werte:

$$q_1 = N\,p(0) = 104\ e^{-0{,}7883} = 47{,}3080$$

$$q_2 = \frac{\mu}{0+1}\, q_1 = \frac{0{,}7883}{1}\ 47{,}3080 = 37{,}2929$$

$$q_3 = \frac{\mu}{1+1}\, q_2 = \frac{0{,}7883}{2}\ 37{,}2929 = 14{,}6990$$

$$q_4 = \frac{\mu}{2+1}\, q_3 = \frac{0{,}7883}{3}\ 14{,}699\ = 3{,}8624$$

$$q_5 = \frac{\mu}{3+1}\, q_4 = \frac{0{,}7883}{4}\ 3{,}8624 = \underline{0{,}7612}$$

$$103{,}9235 \text{ (Summe)}$$

Die Anzahl q_6 in der Restklasse erhält man, indem man alle errechneten Werte $q_1, \ldots q_5$ addiert und von 104 subtrahiert. Dies ergibt:

$$q_6 = 104 - 103,9235 = 0,0765.$$

Für die Berechnung des Prüfwertes:

$$\chi_0^2 = \sum_{i=1}^{6} u_i^2 \text{ mit } u_i^2 = \frac{(N_i - q_i)^2}{q_i} \qquad \text{[Gl. (4.1--7)]}$$

ergibt sich folgendes Schema:

i	N_i	q_i	$N_i - q_i$	$(N_i - q_i)^2$	u_i^2
0	50	47,308	2,692	7,246864	0,15318
1	34	37,2929	$-3,2929$	10,843190	0,27932
2	13 ⎫	14,6990 ⎫			
3	6 ⎪ 20	3,8624 ⎪	0,6009	0,361201	0,01862
4	1 ⎬	0,7612 ⎬			
5	0 ⎭	0,0765 ⎭			

$$0,45112$$

Die Klassen 2 bis 5 werden zu einer zusammengefaßt, da erst sie zusammen eine Anzahl q über 5 ergibt, d. h. $14,699 + 3,8624 + 0,761 + 0,0765 = 19,3991$. Andererseits ist: $N_i = 13 + 6 + 1 + 0 = 20$. Daher ist $N_i - q_i = 20 - 19,3991 = 0,6009$.

Der Prüfwert ist also:

$$\chi_0^2 = 0,45112.$$

Gibt man ein Risikomaß $\alpha_r = 0,05$ vor, so ist nach Tabelle 3 für den Freiheitsgrad $n = 3 - 2 = 1$ der kritische Wert: $z_r = 3,84$. Da $0,45112 < 3,84$, wird die gegebene Stichprobe zu einer Grundgesamtheit mit Poisson'scher Verteilung des Parameters $\mu = 0,7883$ gezählt.

8.3. Beliebige Alternativverteilung

Zahlenbeispiel

Bei einem Würfelspiel sei unter 1000 Würfen die ,,1" 185 mal und ,,Nichteins = 0" sei 815 mal aufgetreten. Berechtigt dies Ergebnis zu der Annahme, daß ,,1" wie beim ,,echten" Würfel die Wahrscheinlichkeit $p = 1/6$ hat?

Man teilt die Wurfergebnisse in zwei Klassen, von denen die eine 185 mal ,,1" und die andere 815 mal ,,0" enthält. Dann ist $N_1 = 185$ und $N_2 = 815$. Die Vergleichswahrscheinlichkeiten sind $q_1 = 1000 \cdot 1/6 = 166,67$ und $q_2 = 1000 \cdot 5/6 = 833,33$.

Dann ist der Prüfwert:

$$\chi_0^2 = \frac{(185 - 166,67)^2}{166,67} + \frac{(815 - 833,33)^2}{833,33} = 2,428.$$

Gibt man das Risikomaß $\alpha_r = 0,05$ vor, so ist der kritische Wert $z_r = 3,84$ nach Tabelle 3 für einen Freiheitsgrad $n = 2 - 1 = 1$.

Da $2,428 < 3,84$, so wird die Stichprobe einem Würfel zugezählt, der $p = 1/6$ für das Merkmal ,,1" hat.

9. Lineare Regression [5.2]

9.1. Berechnung der Regressionsgeraden einer Stichprobe [5.2.1]

Stichprobe $\qquad$ $(x_\nu; y_\nu); \nu = 1, 2, \ldots N$

Regressionsgerade $\qquad$ $y - \bar{y} = b(x - \bar{x})$

Durchschnitte $\qquad$ $\bar{x} = \dfrac{T_x}{N}; \quad \bar{y} = \dfrac{T_y}{N}; \quad T_x = \sum_{\nu=1}^{N} x_\nu; \quad T_y = \sum_{\nu=1}^{N} y_\nu$

Regressionskoeffizient $\qquad$ $b = \dfrac{s_{\bar{x}\bar{y}}}{s_{x\bar{x}}}$

$$s_{x\bar{x}} = \sum_{\nu=1}^{N} (x_\nu - \bar{x})^2 = \sum_{\nu=1}^{N} x_\nu^2 - \frac{T_x^2}{N}$$

$$s_{\bar{x}\bar{y}} = \sum_{\nu=1}^{N} (x_\nu - \bar{x})(y_\nu - \bar{y}) = \sum_{\nu=1}^{N} x_\nu y_\nu - \frac{T_x T_y}{N}$$

Zahlenbeispiel

Rechenschema

Gegeb. Werte		Zwischenwerte			Kontrollrechnung	
x_ν	y_ν	x_ν^2	$x_\nu y_\nu$	y_ν^2	$x_\nu + y_\nu$	$(x_\nu + y_\nu)^2$
1	44	1	44	1 936	45	2 045
2	81	4	162	6 561	83	6 889
3	115	9	345	13 225	118	13 925
4	143	16	572	20 449	147	21 609
5	166	25	830	27 556	171	29 241
6	182	36	1 092	33 124	188	35 344
7	194	49	1 358	37 636	201	40 401
8	230	64	1 840	52 900	238	56 644
9	254	81	2 286	64 516	263	69 169
10	260	100	2 600	67 600	270	72 400
$T_x = 55$	$T_y = 1669$	385	11 129	325 503		348 146

Kontrollrechnung $\quad \displaystyle\sum_{\nu=1}^{N} (x_\nu + y_\nu)^2 = \sum_{\nu=1}^{N} x_\nu^2 + 2\sum_{\nu=1}^{N} x_\nu y_\nu + \sum_{\nu=1}^{N} y_\nu^2$

$348\,146 = 385 + 2 \cdot 11\,129 + 325\,503 = 348\,146$

Regressionskoeffizient	$s_{x\bar{x}} = 385 - \dfrac{55^2}{10} = 385 - 302,5 = 82,5$

$$s_{\bar{x}\bar{y}} = 11\,129 - \frac{55 \cdot 1669}{10} = 11\,129 - 9\,179,5 = 1\,949,5$$

$$b = \frac{1949,5}{82,5} = 23,6303$$

Durchschnitte	$\bar{x} = \dfrac{55}{10} = 5,5; \quad \bar{y} = \dfrac{1669}{10} = 166,9$

Regressionsgerade	$y - 166,9 = 23,6303\,(x - 5,5)$ (Bild 31)

9.2. Prüfung des Regressionskoeffizienten einer Stichprobe auf Zuordnungsmöglichkeit zu einer Grundgesamtheit mit dem Regressionskoeffizienten $\beta_0 = 0$ [5.2.2]

Wenn β signifikant gleich Null wäre, so bestände kein stochastischer Zusammenhang zwischen den x_ν- und y_ν-Werten. Daher ist eine Prüfung wichtig. Die Varianz σ_g^2 sei unbekannt. Die Alternative sei $\beta > \beta_0 = 0$.

Prüfwert	$z_p = \dfrac{b}{s_g}\sqrt{s_{x\bar{x}}}; \quad$ da $\beta = 0 \quad$ [Gln. (5.2–9 u. 14)]
Risikomaß	α_r
Verteilung	T-Verteilung
Freiheitsgrad	$n = N - 2$
Kritischer Wert	z_r
Beurteilung	$z_p \leq z_r$; Zuzählung zu $\beta_0 = 0$, nicht zu $\beta > \beta_0 = 0$ $z_p > z_r$; Zuzählung zu $\beta > \beta_0 = 0$, nicht zu $\beta_0 = 0$

Zahlenbeispiel

Prüfwert	$b = 23,6303; \quad s_{x\bar{x}} = 82,5;$

$$s_{y\bar{y}} = \sum_{\nu=1}^{N} y_\nu^2 - \frac{T_y^2}{N} = 325\,503 - \frac{1669^2}{10} = 46\,946,9;$$

$$b^2 = 23,63^2; \quad n = N - 2 = 10 - 2 = 8$$

$$s_g^2 = \frac{1}{8}\,(46\,946,9 - 23,63^2 \cdot 82,5) = 110,1$$

$$z_p = 23,6303\,\sqrt{\frac{82,5}{110,1}} = 20,42$$

Risikomaß	$\alpha_r = 0,001$
Kritischer Wert	$z_r = 4,50$ (nach Tabelle 2 für $n = 8$)
Beurteilung	$20,42 = z_p > 4,50 = z_r$ Zuzählung nicht zu $\beta_0 = 0$, aber zu $\beta > \beta_0 = 0$.

9.3. Prüfung des Regressionskoeffizienten einer Stichprobe auf Zuordnungsmöglichkeit zu einer Grundgesamtheit mit dem Regressionskoeffizienten $\beta = \beta_0 \neq 0$ [5.2.2]

Die Varianz σ_g^2 sei unbekannt.

Prüfwert $\qquad\qquad z_p = \dfrac{b - \beta_0}{s_g} \sqrt{s_{x\bar{x}}}$ $\qquad$ [Gln. (5.2–9 u. 14)]

Alles Weitere verläuft analog Fall 9.2.

Zahlenbeispiel

Im Zahlenbeispiel 9.2 war gezeigt, daß ein stochastischer Zusammenhang besteht, da $\beta_0 > 0$ ist. Es soll nun geprüft werden, ob $\beta_0 = 24$ oder $\beta < \beta_0 = 24$.

Prüfwert $\qquad\qquad z_p = \dfrac{23{,}6303 - 24}{\sqrt{110{,}1}} \sqrt{82{,}5} = -0{,}323$

Risikomaß $\qquad\qquad \alpha_l = 0{,}025$

Kritischer Wert $\qquad z_l = -2{,}31$ (Tabelle 2 für $n = 8$)

Beurteilung $\qquad\qquad |z_p| = 0{,}323 < 2{,}31 = |z_l|$
$\qquad\qquad\qquad$ Zuzählung zu $\beta_0 = 24$ und nicht zu $\beta < \beta_0 = 24$.

9.4. Konfidenzintervall für den Regressionskoeffizienten β einer Grundgesamtheit [5.2.2]

Man zieht die Wahrscheinlichkeitsfunktion Gl. (5.3–9) heran, die eine T-Verteilung mit dem Freiheitsgrad $n = N - 2$ hat.

Risikomaß $\qquad\qquad \gamma = 1 - \alpha; \quad \alpha = \alpha_r + \alpha_l; \quad \alpha_r = \alpha_l = \dfrac{\alpha}{2}$

Kritische Werte $\qquad z_r = -z_l = z_k$

Konfidenzfunktion $\qquad z = \dfrac{b - \beta}{s_g} \sqrt{s_{x\bar{x}}}$ $\qquad$ [Gl. (5.2–14)]

Konfidenzgrenzen $\qquad u_u = b - \dfrac{z_k\, s_g}{\sqrt{s_{x\bar{x}}}}; \quad u_0 = b + \dfrac{z_k\, s_g}{\sqrt{s_{x\bar{x}}}}$

Konfidenzintervall $\qquad u_u \leq \beta \leq u_0$

Zahlenbeispiel (Stichprobe 9.1 und 9.2)

Risikomaß $\qquad\qquad \gamma = 0{,}95; \quad \alpha_l = \alpha_r = 0{,}025; \quad \alpha = 0{,}05$

Kritischer Wert $\qquad z_k = 2{,}31$ (Tabelle 2; $n = 8$)

Konfidenzgrenzen $\qquad u_u = 23{,}6303 - \dfrac{2{,}31 \cdot \sqrt{110{,}1}}{\sqrt{82{,}5}} = 20{,}96$

$\qquad\qquad\qquad\qquad u_0 = 23{,}6303 + \dfrac{2{,}31 \cdot \sqrt{110{,}1}}{\sqrt{82{,}5}} = 26{,}30$

| Konfidenzintervall | $20,96 \leq \beta \leq 26,30$ |
| Anmerkung | Das Ergebnis steht mit dem von 9.1 und 9.3 in Übereinstimmung. |

9.5. Konfidenzintervall für die unbekannte Varianz σ_g^2 einer Grundgesamtheit [5.2.2]

Risikomaß	$\gamma = 1 - \alpha;\ \alpha_r + \alpha_l = \alpha$	
Verteilung	Chi-Quadrat-Verteilung; $n = N - 2$	
Kritische Werte	$z_r;\ z_l\,(z_l < z_r)$	
Konfidenzfunktion	$z = \dfrac{N-2}{\sigma_g^2}\,s_g^2$	[Gl. (5.2–15)]
Konfidenzgrenzen	$u_0 = \dfrac{N-2}{z_l}\,s_g^2;\quad u_u = \dfrac{N-2}{z_r}\,s_g^2$	
Konfidenzintervall	$u_u \leq \sigma_g^2 \leq u_0$	

Zahlenbeispiel

Werte aus der Stichprobe 5.12 ($N = 10;\ s_g^2 = 110,1$)

Risikomaß	$\gamma = 0,95 = 1 - \alpha;\quad \alpha_l = \alpha_r = \dfrac{\alpha}{2} = \dfrac{0,05}{2} = 0,025;$
Kritische Werte	$z_l = 2,18;\quad z_r = 17,53$ (Tabelle 3; $n = 8$)
Konfidenzgrenzen	$u_0 = \dfrac{8}{2,18}\,110,1 = 404$
	$u_u = \dfrac{8}{17,53}\,110,1 = 50,25$
Konfidenzintervall	$50,25 \leq \sigma_g^2 \leq 404$

9.6. Konfidenzintervalle für die Punkte der Regressionsgeraden [5.4]

Die Konfidenzgrenzen sind:

$$u_k = y_g \pm z_k\,s_g\,\sqrt{\frac{1}{N} + \frac{(x - \bar{x})^2}{s_{x\bar{x}}}} = y_g \pm l(x) \qquad \text{[Gl. (5.4–5)]}$$

Es bedeuten: N Serienumfang der Stichprobe, aus der die Regressionsgerade errechnet ist. y_g die Ordinaten zu den Abszissenwerten x auf der Geraden; $\bar{x}$ der Durchschnitt der gegebenen x-Werte; $s_{x\bar{x}}$ die zugehörige Summe der Quadrate der Abweichungen; s_g^2 die Varianz der gegebenen y-Werte der Stichprobe von den zugehörigen Werten auf der Geraden; z_k der kritische Wert zum Risikomaß $\gamma = 1 - \alpha$ der T-Verteilung mit dem Freiheitsgrad $n = N - 2$.

Zahlenbeispiel mit Werten der Stichprobe in Abschn. 9.1

$N = 10$; $y_g = 23{,}6303 \ (x - 5{,}5) + 166{,}9$; $\bar{x} = 5{,}5$; $s_{x\bar{x}} = 82{,}5$; $s_g = 10{,}5$; $n = 8$.

$\alpha = 0{,}05$; $\alpha_l = \alpha_r = \dfrac{\alpha}{2} = 0{,}025$; $z_l = -2{,}31$; $z_r = 2{,}31$; $z_k = 2{,}31$ (Tabelle 2)

Das Einsetzen der Werte ergibt folgende Tabelle:

x	1	2	3	4	5	6	7	8	9	10
l(x)	14,23	12,31	10,15	8,64	7,77	7,77	8,64	10,15	12,31	14,23

Die Kurven sind in Bild 31 eingezeichnet.

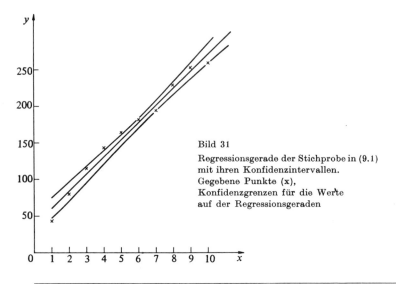

Bild 31

Regressionsgerade der Stichprobe in (9.1)
mit ihren Konfidenzintervallen.
Gegebene Punkte (x),
Konfidenzgrenzen für die Werte
auf der Regressionsgeraden

Rechenschema zu 9.7:

x_j	y_{j1}	y_{j2}	y_{j3}	N_j	x_j^2	$N_j \, x_j^2$	T_j	T_j^2
1	44		34	2	1	2	78	6 08
2	81		67	2	4	8	148	21 90
3	115		93	2	9	18	208	43 20
4	143	157	120	3	16	48	420	176 40
5	166	174	141	3	25	75	481	231 36
6	182	192	162	3	36	108	536	287 29
7	194	211	182	3	49	147	587	344 50
8	230	242	212	3	64	192	684	467 85
9	254		257	2	81	162	511	261 12
10	260		308	2	100	200	568	322 62
				25		960	4221	

9.7. Prüfung auf Linearität [5.3]

Prüfwert: Der Prüfwert wird mit der Funktion Gl. (5.3–6) errechnet, wo:

$$\bar{q}_1 = \frac{q_1}{m-2} \quad \text{und} \quad \bar{q}_2 = \frac{q_2}{N-m}.$$

Die Größen q_1 und q_2 werden nach den Gln. (5.3–7 bis 11) berechnet.

Dazu dient untenstehendes Rechenschema (Seite 100/101).

$$s_{x\bar{x}} = 960 - \frac{140^2}{25} = 176; \quad s_{\bar{x}\bar{y}} = 28\,159 - \frac{140 \cdot 4221}{25} = 4521,4$$

$$q_1 = \sum_{j=1}^{10} \left(\frac{T_j^2}{N_j} \right) - \frac{T^2}{N} - \frac{s_{\bar{x}\bar{y}}^2}{s_{x\bar{x}}} = 828\,992,49 - \frac{4221^2}{25} - \frac{4521,4^2}{176} \qquad \text{[Gl. (5.3–7)]}$$

$$q_1 = 828\,992,49 - 712\,673,64 - 116\,153,738 = 165,112$$

$$\bar{q}_1 = \frac{165,112}{10-2} = 20,639$$

$$q_2 = \sum_{j=1}^{10} \left(\sum_{i=1}^{N_j} y_{ji}^2 - \frac{T_j^2}{N_j} \right) = \sum_{j=1}^{10} \sum_{i=1}^{N_j} y_{ji}^2 - \sum_{j=1}^{10} \frac{T_j^2}{N_j} = 834\,177 - 828\,992,49$$

$$q_2 = 5184,51 \qquad \text{[Gl. (5.3–8)]}$$

$$\bar{q}_2 = \frac{5184,51}{25-10} = 345,63$$

$$z_p = \frac{20,639}{345,63} = 0,0597$$

Risikomaß $a_r = 0,05$; $z_r = 2,64$ (Tabelle 4a; $n_1 = 8$; $n_2 = 15$)

Beurteilung   Die Annahme der Linearität ist signifikant erlaubt, da $z_p = 0,0597 < z_r = 2,64$ (Bild 32).

$\frac{T_j^2}{N_j}$	$\bar{y}_j = \frac{T_j}{N_j}$	$x_j\,y_{j1}$	$x_j\,y_{j2}$	$x_j\,y_{j3}$	y_{j1}^2	y_{j2}^2	y_{j3}^2	$N_j\,x_j$
2 042	39	44		34	1 936		1 156	2
10 952	74	162		134	6 561		4 489	4
21 632	104	345		279	13 225		8 649	6
58 800	140	572	628	480	20 449	24 649	14 400	12
77 120,33	160,33	830	870	705	27 556	30 276	19 881	15
95 765,33	178,67	1092	1152	972	33 124	36 864	26 244	18
114 856,33	195,67	1358	1477	1274	37 636	44 521	33 124	21
155 952	228	1840	1936	1696	52 900	58 564	44 944	24
130 560,5	255,5	2286		2313	64 516		66 049	18
161 312	284	2600		3080	67 600		94 864	20
828 992,49		28 159			834 177			140

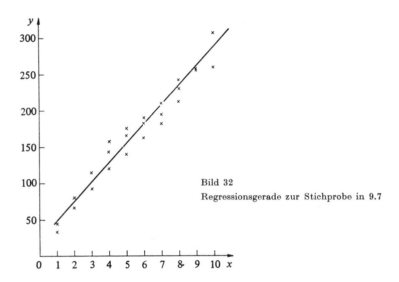

Bild 32
Regressionsgerade zur Stichprobe in 9.7

9.8. Prüfung der Regressionskoeffizienten zweier unabhängiger Stichproben auf Zuordnungsmöglichkeit zu stochastischen Zusammenhängen 1. Art mit gleichem Regressionskoeffizienten β. Die Varianzen der Grundgesamtheiten sind einander gleich, aber unbekannt [5.5.1]

Zugrunde gelegt werden die in 9.1 und 9.7 behandelten Regressionen. Benötigt werden die folgenden Größen:

$$s'_{x\bar{x}} = 176; \qquad s'_{x\bar{y}} = 4521,4; \qquad s'_{y\bar{y}} = 834\,177 - \frac{4221^2}{25} = 121\,503,36;$$

$$b' = \frac{s'_{x\bar{y}}}{s'_{x\bar{x}}} = 25,6897$$

$$s''_{x\bar{x}} = 82,5; \qquad s''_{x\bar{y}} = 1949,5; \qquad s''_{y\bar{y}} = 325\,503 - \frac{1669^2}{10} = 46\,946,9;$$

$$b'' = 23,6303$$

$$b_d = \frac{s'_{x\bar{y}} + s''_{x\bar{y}}}{s'_{x\bar{x}} + s''_{x\bar{x}}} \qquad [\text{Gl. }(5.5\text{–}5)]$$

$$b_d = \frac{4521,4 + 1949,5}{82,5 + 176} = 25,032\,495; \qquad b_d^2 = 626,625\,805$$

$$b'^2 = 659,960\,686; \qquad b''^2 = 558,391\,078$$

Berechnung von d: [Gl. (5.5–7)]:

$$d = b'^2\, s'_{x\bar{x}} + b''^2\, s''_{x\bar{x}} - b_d^2\, (s'_{x\bar{x}} + s''_{x\bar{x}}) = 237,5806$$

Berechnung von $\bar{u}$: [Gln. (5.5–3 und 4)]:

$$u = s'_{y\bar{y}} + s''_{y\bar{y}} - (b'^2\, s'_{x\bar{x}} + b''^2\, s''_{x\bar{x}}) = 6229{,}9085$$

$$\bar{u} = \frac{6229{,}9085}{31} = 200{,}9648$$

Prüfwert	$z_\mathrm{p} = \dfrac{d}{\bar{u}} = \dfrac{237{,}5806}{200{,}9648} = 1{,}182$	[Gl. (5.5–9)]

Risikomaß $\alpha_\mathrm{r} = 0{,}05$;

Verteilung   F-Verteilung

Freiheitsgrad $n_2 = N_1 + N_2 - 4 = 10 + 25 - 4 = 31$; $n_1 = 1$

Kritischer Wert $z_\mathrm{r} = 4{,}16$ (Tabelle 4 a)

Beurteilung $z_\mathrm{p} < z_\mathrm{r}$; Zuzählung zum gleichen Regressionskoeffizienten β und nicht zu zwei verschiedenen, Bild 33.

Man kann auch von Gl. (5.5–11) ausgehen. Dann erhält man:

$$z_\mathrm{p} = \frac{2{,}0594}{1{,}8916} = 1{,}089.$$

Für das gleiche Risikomaß erhält man als kritischen Wert der T-Verteilung aus Tabelle 4 $z_\mathrm{k} = 2{,}04$; d. h. auch nach diesem Test werden die beiden Regressionskoeffizienten zu e i n e m Regressionskoeffizienten β gezählt. Rechnerisch muß $1{,}089^2 = 1{,}182$ sein, was erfüllt ist.

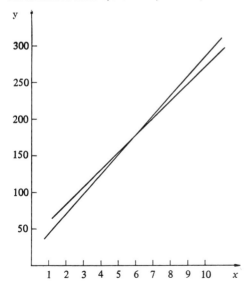

Bild 33
Zum Vergleich der Regressionskoeffizienten der beiden Stichproben in 9.1 und 9.7

10. Korrelation

10.1. Berechnung des Korrelationskoeffizienten einer Stichprobe [6.4]

Stichprobenwerte		Zwischenrechnung		
x_ν	y_ν	x_ν^2	y_ν^2	$x_\nu\, y_\nu$
1	1	1	1	1
2	4	4	16	8
3	2	9	4	6
4	6	16	36	24
5	5	25	25	25
6	4	36	16	24
7	5	49	25	35
8	7	64	49	56
9	10	81	100	90
10	8	100	64	80
Summe 55	52	385	336	349

$$s_{x\bar{x}} = 385 - \frac{55^2}{10} = 82{,}5; \quad s_{\bar{x}\bar{y}} = 349 - \frac{55 \cdot 52}{10} = 63$$

$$s_{\bar{y}\bar{y}} = 336 - \frac{52^2}{10} = 65{,}6$$

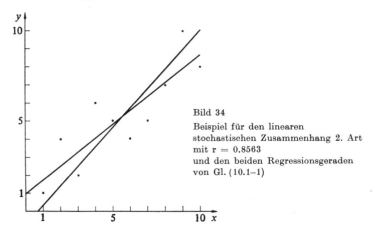

Bild 34

Beispiel für den linearen
stochastischen Zusammenhang 2. Art
mit r = 0.8563
und den beiden Regressionsgeraden
von Gl. (10.1–1)

$$r^2 = \frac{s_{\bar{x}\bar{y}}^2}{s_{x\bar{x}} \, s_{y\bar{y}}} = \frac{63^2}{82,5 \cdot 65,5} = 0,73337088$$

$r = 0,8563$ (Starker stochastischer Zusammenhang; Bild 34)

$$b_{x\bar{y}} = \frac{s_{x\bar{y}}}{s_{x\bar{x}}} = \frac{63}{82,5} = 0,7636; \quad b_{\bar{x}y} = \frac{s_{x\bar{y}}}{s_{y\bar{y}}} = \frac{63}{65,6} = 0,9604 \; [\text{Gl. (6.4–3)}]$$

Regressionsgeraden Gl. (6.4–1)

$$y - 5,2 = 0,7636 \, (x - 5,5); \quad x - 5,5 = 0,9604 \, (y - 5,2) \; (10.1\text{–}1).$$

10.2. Prüfung des Korrelationskoeffizienten einer Stichprobe auf Zuordnungsmöglichkeit zu einer Grundgesamtheit mit dem Korrelationskoeffizienten $\varrho = 0$ [6.4] oder $\varrho \lessgtr 0$

Prüfwert [Gl. (6.4–4)]	$z_p = r \sqrt{\dfrac{N-2}{1-r^2}} = 0,8563 \sqrt{\dfrac{8}{1-0,73337088}} = 4,69$
Risikomaß	$\alpha = \alpha_r + \alpha_l = 0,05; \quad \alpha_l = \alpha_r = \dfrac{\alpha}{2} = 0,025$
Verteilung	T-Verteilung
Freiheitsgrad	$n = N - 2 = 10 - 2 = 8$
Kritischer Wert	$z_l = -2,31; \; z_r = 2,31; \; z_k = 2,31$ (Tabelle 2)
Beurteilung	$z_p > z_k; \; \varrho \neq 0.$

10.3. Konfidenzintervall für den Korrelationskoeffizienten $\varrho \neq 0$ [6.4]

Da N mindestens 50 sein muß und ϱ nicht zu nahe eins sein darf, werden folgende Werte zugrunde gelegt:

$r = 0,75; \quad N = 53;$

Einsetzen von r in Gl. (6.4–10):

$$z_r = \frac{1}{2} \ln \frac{1 + 0,75}{1 - 0,75} = 0,97\,295$$

Risikomaß	$\alpha = 0,05 = \alpha_r + \alpha_l; \quad \alpha_r = \alpha_l = 0,025$
Verteilung	Normierte Gauß'sche Normalverteilung
Kritischer Wert	$u_k = \pm 1,96;$ (Tabelle 1b)

Einsetzen von z_r und $\pm u_\mathrm{k}$ in Gl. (6.4–12):

$$\mu_{z1} = 0,97\,295 - \frac{1,96}{\sqrt{50}} = 0,97\,295 - 0,27\,718 = 0,69\,577$$

$$\mu_{z2} = 0,97\,295 + \frac{1,96}{\sqrt{50}} = 0,97\,295 + 0,27\,718 = 1,25\,013$$

Berechnung von r_1 und r_2 durch Einsetzen der Werte μ_{z1} und μ_{z2} in die Umkehrfunktion Gl. (6.4–13):

$$r_{1;\,2} = \frac{e^{2z} - 1}{e^{2z} + 1}$$

$$r_1 = \frac{e^{1,39\,154} - 1}{e^{1,39\,154} + 1} = \frac{4,022 - 1}{4,022 + 1} = 0,60$$

$$r_2 = \frac{e^{2,50\,026} - 1}{e^{2,50\,026} + 1} = \frac{12,182 - 1}{12,182 + 1} = 0,85$$

Konfidenzintervall $\qquad 0,60 \le \varrho \le 0,85.$

11. Formelzusammenstellung [1.4]

11.1. Stichprobe einer eindimensionalen Grundgesamtheit

Elemente $\qquad x_\nu; \; \nu = 1, 2, \ldots N$

Gehäufte Elemente $\qquad N_j \, x_j; \; j = 1, 2, \ldots m; \; \sum\limits_{j=1}^{m} N_j = N$

Relative Häufigkeit $\qquad \dfrac{N_j}{N}; \; \sum\limits_{j=1}^{m} \dfrac{N_j}{N} = 1$

Elementensumme $\qquad T = \sum\limits_{\nu=1}^{N} x_\nu = \sum\limits_{j=1}^{m} N_j \, x_j$

Durchschnitt $\qquad \bar{x} = \dfrac{T}{N}$

Summe der
Abweichungsquadrate $\qquad s_{x\bar{x}} = \sum\limits_{\nu=1}^{N} (x_\nu - \bar{x})^2 = \sum\limits_{\nu=1}^{N} x_\nu^2 - \dfrac{T^2}{N}$

$$s_{x\bar{x}} = \sum\limits_{j=1}^{m} N_j \, (x_j - \bar{x})^2 = \sum\limits_{j=1}^{m} N_j \, x_j^2 - \dfrac{T^2}{N}$$

Varianz $\qquad s^2 = \dfrac{s_{x\bar{x}}}{N-1}$

Standardabweichung $\qquad s = \sqrt{\dfrac{s_{x\bar{x}}}{N-1}}$

Schiefe $\qquad u = \dfrac{\sum\limits_{j=1}^{m} \dfrac{N_j}{N} (x_j - \bar{x})^3}{s^3}$

Exzeß $\qquad e = \dfrac{\sum\limits_{j=1}^{m} \dfrac{N_j}{N} (x_j - \bar{x})^4}{s^4} - 3$

Zentrale Momente $\qquad m_k = \sum\limits_{j=1}^{m} \dfrac{N_j}{N} (x_j - \bar{x})^k; \; k = 1, 2, \ldots$

11.2. Diskrete Wahrscheinlichkeitsverteilung einer eindimensionalen Grundgesamtheit

Merkmal $\qquad x_j; \; j = 1, 2, \ldots m$

Wahrscheinlichkeit $\qquad p(x_j); \; \sum\limits_{j=1}^{m} p(x_j) = 1$

Durchschnitt $\qquad \mu = \sum\limits_{j=1}^{m} x_j \, p(x_j)$

Varianz $\qquad \sigma^2 = \sum\limits_{j=1}^{m} (x_j - \mu)^2 \, p(x_j)$

Standardabweichung $\qquad \sigma$

Schiefe $\qquad u = \dfrac{\sum\limits_{j=1}^{m} (x_j - \mu)^3 \, p(x_j)}{\sigma^3}$

Exzeß $\qquad e = \dfrac{\sum\limits_{j=1}^{m} (x_j - \mu)^4 \, p(x_j)}{\sigma^4} - 3$

Zentrale Momente $\qquad m_k = \sum\limits_{j=1}^{m} (x_j - \mu)^k \, p(x_j); \; k = 1, 2, \ldots$

11.3. Stetige Wahrscheinlichkeitsverteilung einer eindimensionalen Grundgesamtheit

Merkmal $\qquad x$

Wahrscheinlichkeitsdichte $\qquad \psi(x)$

Integral über alle Wahrscheinlichkeiten $\qquad \int\limits_{-\infty}^{+\infty} \psi(x) \, \mathrm{d}x = 1$

Durchschnitt $\qquad \mu = \int\limits_{-\infty}^{+\infty} x \, \psi(x) \, \mathrm{d}x$

Varianz $\qquad \sigma^2 = \int\limits_{-\infty}^{+\infty} (x - \mu)^2 \, \psi(x) \, \mathrm{d}x$

Standardabweichung $\qquad \sigma$

Schiefe	$u = \dfrac{\displaystyle\int_{-\infty}^{+\infty} (x - \mu)^3 \, \psi(x) \, dx}{\sigma^3}$
Exzeß	$e = \dfrac{\displaystyle\int_{-\infty}^{+\infty} (x - \mu)^4 \, \psi(x) \, dx}{\sigma^4} - 3$
Zentrale Momente	$m_k = \displaystyle\int_{-\infty}^{+\infty} (x - \mu)^k \, \psi(x) \, dx; \; k = 1, 2, \ldots$

11.4. Stichprobe einer zweidimensionalen Grundgesamtheit

Elemente	$x_\nu; \; y_\nu; \; \nu = 1, 2, \ldots N$
Elementensummen	$T_x = \displaystyle\sum_{\nu=1}^{N} x_\nu; \; T_y = \sum_{\nu=1}^{N} y_\nu$
Durchschnitte	$\bar{x} = \dfrac{T_x}{N}; \; \bar{y} = \dfrac{T_y}{N}$
Summe der Abweichungsquadrate	$s_{x\bar{x}} = \displaystyle\sum_{\nu=1}^{N} (x_\nu - \bar{x})^2 = \sum_{\nu=1}^{N} x_\nu^2 - \dfrac{T_x^2}{N}$
	$s_{y\bar{y}} = \displaystyle\sum_{\nu=1}^{N} (y_\nu - \bar{y})^2 = \sum_{\nu=1}^{N} y_\nu^2 - \dfrac{T_y^2}{N}$
Summe der Abweichungsprodukte	$s_{x\bar{y}} = \displaystyle\sum_{\nu=1}^{N} (x_\nu - \bar{x})(y_\nu - \bar{y}) = \sum_{\nu=1}^{N} x_\nu \, y_\nu - \dfrac{T_x \, T_y}{N}$
Varianzen	$s_1^2 = \dfrac{s_{x\bar{x}}}{N-1}; \; s_2^2 = \dfrac{s_{y\bar{y}}}{N-1}$
Kovarianz	$s_{1;\,2} = \dfrac{s_{x\bar{y}}}{N-1}$
Regressions-koeffizienten	$b_{xy} = \dfrac{s_{x\bar{y}}}{s_{x\bar{x}}}; \; b_{yx} = \dfrac{s_{x\bar{y}}}{s_{y\bar{y}}}$
Bestimmtheitsmaß	$B = b_{xy} \, b_{yx} = \dfrac{s_{x\bar{y}}^2}{s_{x\bar{x}} \, s_{y\bar{y}}}$
Korrelationskoeffizient	$r = \pm \sqrt{B}$
Regressionsgerade	$y_\mathbf{g} = b_{xy}(x - \bar{x}) + \bar{y}$
Varianz um die Regressionsgerade	$s_\mathbf{g}^2 = \dfrac{\displaystyle\sum_{\nu=1}^{N} (y_\nu - y_{\mathbf{g}\nu})^2}{N-2} = \dfrac{s_{y\bar{y}} - b_{xy}^2 \, s_{x\bar{x}}}{N-2}$
Standardabweichung	$s_\mathbf{g}$

Anhang

Tabellen 1 bis 4

Tabelle 1 a. Normierte Gaußsche Normalverteilung

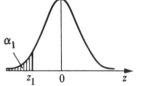 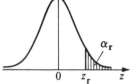

$-z_l; z_r$	$\alpha_l; \alpha_r$	$-z_l; z_r$	$\alpha_l; \alpha_r$	$-z_l; z_r$	$\alpha_l; \alpha_r$	$-z_l; z_r$	$\alpha_l; \alpha_r$
0,00	0,5000	0,38	0,3519	0,76	0,2236	1,14	0,1271
0,01	0,4960	0,39	0,3483	0,77	0,2207	1,15	0,1251
0,02	0,4920	0,40	0,3446	0,78	0,2177	1,16	0,1230
0,03	0,4880	0,41	0,3409	0,79	0,2148	1,17	0,1210
0,04	0,4840	0,42	0,3372	0,80	0,2119	1,18	0,1190
0,05	0,4801	0,43	0,3336	0,81	0,2090	1,19	0,1170
0,06	0,4761	0,44	0,3300	0,82	0,2061	1,20	0,1151
0,07	0,4721	0,45	0,3270	0,83	0,2033	1,21	0,1131
0,08	0,4681	0,46	0,3228	0,84	0,2005	1,22	0,1112
0,09	0,4641	0,47	0,3192	0,85	0,1977	1,23	0,1093
0,10	0,4602	0,48	0,3156	0,86	0,1949	1,24	0,1075
0,11	0,4562	0,49	0,3121	0,87	0,1922	1,25	0,1057
0,12	0,4522	0,50	0,3085	0,88	0,1894	1,26	0,1038
0,13	0,4483	0,51	0,3050	0,89	0,1867	1,27	0,1020
0,14	0,4443	0,52	0,3015	0,90	0,1841	1,28	0,1003
0,15	0,4404	0,53	0,2971	0,91	0,1814	1,29	0,0985
0,16	0,4364	0,54	0,2946	0,92	0,1788	1,30	0,0968
0,17	0,4325	0,55	0,2912	0,93	0,1762	1,31	0,0951
0,18	0,4286	0,56	0,2877	0,94	0,1736	1,32	0,0934
0,19	0,4247	0,57	0,2843	0,95	0,1711	1,33	0,0918
0,20	0,4207	0,58	0,2810	0,96	0,1685	1,34	0,0901
0,21	0,4168	0,59	0,2776	0,97	0,1660	1,35	0,0885
0,22	0,4129	0,60	0,2743	0,98	0,1635	1,36	0,0869
0,23	0,4090	0,61	0,2709	0,99	0,1611	1,37	0,0853
0,24	0,4052	0,62	0,2676	1,00	0,1587	1,38	0,0838
0,25	0,4013	0,63	0,3643	1,01	0,1562	1,39	0,0823
0,26	0,3974	0,64	0,2611	1,02	0,1539	1,40	0,0808
0,27	0,3936	0,65	0,2578	1,03	0,1515	1,41	0,0793
0,28	0,3897	0,66	0,2546	1,04	0,1492	1,42	0,0778
0,29	0,3860	0,67	0,2514	1,05	0,1469	1,43	0,0764
0,30	0,3821	0,68	0,2483	1,06	0,1446	1,44	0,0749
0,31	0,3783	0,69	0,2451	1,07	0,1423	1,45	0,0735
0,32	0,3744	0,70	0,2420	1,08	0,1401	1,46	0,0721
0,33	0,3707	0,71	0,2389	1,09	0,1379	1,47	0,0708
0,34	0,3669	0,72	0,2358	1,10	0,1357	1,48	0,0694
0,35	0,3632	0,73	0,2327	1,11	0,1335	1,49	0,0681
0,36	0,3594	0,74	0,2297	1,12	0,1316	1,50	0,0668
0,37	0,3557	0,75	0,2266	1,13	0,1292	1,51	0,0655

Beispiele: $z_l = -0,01$; $\alpha_l = 0,4960$; $z_r = 0,01$; $\alpha_r = 0,4960$

$z_l = -2,92$; $\alpha_l = 0,0018$; $z_r = 2,92$; $\alpha_r = 0,0018$

$-z_1; z_r$	$\alpha_1; \alpha_r$	$-z_1; z_r$	$\alpha_1; \alpha_r$	$-z_1; z_r$	$\alpha_1; \alpha_r$	$-z_1; z_r$	$\alpha_1; \alpha_r$
1,52	0,0643	1,90	0,0287	2,28	0,0113	2,66	0,0039
1,53	0,0630	1,91	0,0281	2,29	0,0110	2,67	0,0038
1,54	0,0618	1,92	0,0274	2,30	0,0107	2,68	0,0037
1,55	0,0606	1,93	0,0268	2,31	0,0104	2,69	0,0036
1,56	0,0594	1,94	0,0262	2,32	0,0102	2,70	0,0035
1,57	0,0582	1,95	0,0256	2,33	0,0099	2,71	0,0034
1,58	0,0571	1,96	0,0250	2,34	0,0096	2,72	0,0033
1,59	0,0559	1,97	0,0244	2,35	0,0094	2,73	0,0032
1,60	0,0548	1,98	0,0239	2,36	0,0091	2,74	0,0031
1,61	0,0537	1,99	0,0233	2,37	0,0089	2,75	0,0030
1,62	0,0526	2,00	0,0228	2,38	0,0087	2,76	0,0029
1,63	0,0516	2,01	0,0222	2,39	0,0084	2,77	0,0028
1,64	0,0505	2,02	0,0217	2,40	0,0082	2,78	0,0027
1,65	0,0495	2,03	0,0212	2,41	0,0080	2,79	0,0026
1,66	0,0485	2,04	0,0208	2,42	0,0078	2,80	0,0026
1,67	0,0475	2,05	0,0202	2,43	0,0075	2,81	0,0025
1,68	0,0465	2,06	0,0197	2,44	0,0073	2,82	0,0024
1,69	0,0455	2,07	0,0192	2,45	0,0071	2,83	0,0023
1,70	0,0446	2,08	0,0188	2,46	0,0069	2,84	0,0023
1,71	0,0436	2,09	0,0183	2,47	0,0068	2,85	0,0022
1,72	0,0427	2,10	0,0179	2,48	0,0066	2,86	0,0021
1,73	0,0418	2,11	0,0174	2,49	0,0064	2,87	0,0021
1,74	0,0409	2,12	0,0170	2,50	0,0062	2,88	0,0020
1,75	0,0401	2,13	0,0166	2,51	0,0060	2,89	0,0019
1,76	0,0392	2,14	0,0162	2,52	0,0059	2,90	0,0019
1,77	0,0384	2,15	0,0158	2,53	0,0057	2,91	0,0018
1,78	0,0375	2,16	0,0154	2,54	0,0055	2,92	0,0018
1,79	0,0367	2,17	0,0150	2,55	0,0054	2,93	0,0017
1,80	0,0359	2,18	0,0146	2,56	0,0052	2,94	0,0016
1,81	0,0351	2,19	0,0143	2,57	0,0051	2,95	0,0016
1,82	0,0344	2,20	0,0139	2,58	0,0049	2,96	0,0015
1,83	0,0336	2,21	0,0136	2,59	0,0048	2,97	0,0015
1,84	0,0329	2,22	0,0132	2,60	0,0047	2,98	0,0014
1,85	0,0322	2,23	0,0129	2,61	0,0045	2,99	0,0014
1,86	0,0314	2,24	0,0125	2,62	0,0044	3,00	0,0014
1,87	0,0307	2,25	0,0122	2,63	0,0043		
1,88	0,0301	2,26	0,0119	2,64	0,0041		
1,89	0,0294	2,27	0,0116	2,65	0,0040		

Tabelle 1b. Normierte Gaußsche Normalverteilung

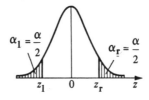

$$-z_l = z_r = z_k$$

z_k	α	z_k	α	z_k	α	z_k	α
0,00	1,0000	0,39	0,6965	0,78	0,4354	1,17	0,2420
0,01	0,9920	0,40	0,6892	0,79	0,4295	1,18	0,2360
0,02	0,9840	0,41	0,6818	0,80	0,4237	1,19	0,2340
0,03	0,9761	0,42	0,6745	0,81	0,4179	1,20	0,2301
0,04	0,9681	0,43	0,6672	0,82	0,4122	1,21	0,2263
0,05	0,9601	0,44	0,6599	0,83	0,4065	1,22	0,2225
0,06	0,9522	0,45	0,6527	0,84	0,4009	1,23	0,2187
0,07	0,9442	0,46	0,6455	0,85	0,3953	1,24	0,2150
0,08	0,9362	0,47	0,6384	0,86	0,3898	1,25	0,2113
0,09	0,9283	0,48	0,6312	0,87	0,3843	1,26	0,2077
0,10	0,9203	0,49	0,6241	0,88	0,3789	1,27	0,2041
0,11	0,9124	0,50	0,6171	0,89	0,3735	1,28	0,2025
0,12	0,9045	0,51	0,6101	0,90	0,3681	1,29	0,1971
0,13	0,8966	0,52	0,6031	0,91	0,3628	1,30	0,1936
0,14	0,8887	0,53	0,5961	0,92	0,3576	1,31	0,1902
0,15	0,8808	0,54	0,5892	0,93	0,3524	1,32	0,1868
0,16	0,8729	0,55	0,5823	0,94	0,3472	1,33	0,1835
0,17	0,8650	0,56	0,5755	0,95	0,3421	1,34	0,1802
0,18	0,8572	0,57	0,5687	0,96	0,3371	1,35	0,1770
0,19	0,8493	0,58	0,5619	0,97	0,3320	1,36	0,1738
0,20	0,8415	0,59	0,5552	0,98	0,3271	1,37	0,1707
0,21	0,8337	0,60	0,5485	0,99	0,3222	1,38	0,1676
0,22	0,8259	0,61	0,5419	1,00	0,3173	1,39	0,1645
0,23	0,8181	0,62	0,5353	1,01	0,3125	1,40	0,1615
0,24	0,8103	0,63	0,5287	1,02	0,3077	1,41	0,1585
0,25	0,8026	0,64	0,5222	1,03	0,3030	1,42	0,1556
0,26	0,7949	0,65	0,5157	1,04	0,2983	1,43	0,1527
0,27	0,7872	0,66	0,5093	1,05	0,2937	1,44	0,1499
0,28	0,7795	0,67	0,5029	1,06	0,2891	1,45	0,1471
0,29	0,7718	0,68	0,4965	1,07	0,2846	1,46	0,1443
0,30	0,7642	0,69	0,4902	1,08	0,2801	1,47	0,1416
0,31	0,7566	0,70	0,4839	1,09	0,2757	1,48	0,1389
0,32	0,7490	0,71	0,4777	1,10	0,2713	1,49	0,1362
0,33	0,7414	0,72	0,4715	1,11	0,2670	1,50	0,1336
0,34	0,7339	0,73	0,4654	1,12	0,2627	1,51	0,1310
0,35	0,7263	0,74	0,4593	1,13	0,2585	1,52	0,1285
0,36	0,7188	0,75	0,4533	1,14	0,2543	1,53	0,1260
0,37	0,7114	0,76	0,4473	1,15	0,2501	1,54	0,1236
0,38	0,7039	0,77	0,4413	1,16	0,2460	1,55	0,1211

Beispiel: $z_k = 0{,}01$; $\alpha = 0{,}9920$

$z_k = 2{,}92$; $\alpha = 0{,}0035$

z_k	α	z_k	α	z_k	α	z_k	α
1,56	0,1188	1,94	0,0524	2,32	0,0203	2,70	0,0069
1,57	0,1164	1,95	0,0512	2,33	0,0198	2,71	0,0067
1,58	0,1141	1,96	0,0500	2,34	0,0193	2,72	0,0065
1,59	0,1118	1,97	0,0488	2,35	0,0188	2,73	0,0063
1,60	0,1096	1,98	0,0477	2,36	0,0183	2,74	0,0061
1,61	0,1074	1,99	0,0466	2,37	0,0178	2,75	0,0060
1,62	0,1052	2,00	0,0455	2,38	0,0173	2,76	0,0058
1,63	0,1031	2,01	0,0444	2,39	0,0168	2,77	0,0056
1,64	0,1010	2,02	0,0434	2,40	0,0164	2,78	0,0054
1,65	0,0989	2,03	0,0424	2,41	0,0160	2,79	0,0053
1,66	0,0970	2,04	0,0414	2,42	0,0155	2,80	0,0051
1,67	0,0949	2,05	0,0404	2,43	0,0151	2,81	0,0050
1,68	0,0930	2,06	0,0394	2,44	0,0147	2,82	0,0048
1,69	0,0910	2,07	0,0385	2,45	0,0143	2,83	0,0047
1,70	0,0891	2,08	0,0375	2,46	0,0139	2,84	0,0045
1,71	0,0873	2,09	0,0366	2,47	0,0135	2,85	0,0044
1,72	0,0854	2,10	0,0357	2,48	0,0131	2,86	0,0042
1,73	0,0836	2,11	0,0349	2,49	0,0128	2,87	0,0041
1,74	0,0819	2,12	0,0340	2,50	0,0124	2,88	0,0040
1,75	0,0801	2,13	0,0332	2,51	0,0121	2,89	0,0039
1,76	0,0784	2,14	0,0324	2,52	0,0117	2,90	0,0037
1,77	0,0767	2,15	0,0316	2,53	0,0114	2,91	0,0036
1,78	0,0751	2,16	0,0308	2,54	0,0111	2,92	0,0035
1,79	0,0735	2,17	0,0300	2,55	0,0108	2,93	0,0034
1,80	0,0719	2,18	0,0293	2,56	0,0105	2,94	0,0033
1,81	0,0703	2,19	0,0285	2,57	0,0102	2,95	0,0032
1,82	0,0688	2,20	0,0278	2,58	0,0099	2,96	0,0031
1,83	0,0673	2,21	0,0271	2,59	0,0096	2,97	0,0030
1,84	0,0658	2,22	0,0264	2,60	0,0093	2,98	0,0029
1,85	0,0643	2,23	0,0257	2,61	0,0091	2,99	0,0028
1,86	0,0629	2,24	0,0251	2,62	0,0088	3,00	0,0027
1,87	0,0615	2,25	0,0244	2,63	0,0085		
1,88	0,0601	2,26	0,0238	2,64	0,0083		
1,89	0,0588	2,27	0,0232	2,65	0,0081		
1,90	0,0574	2,28	0,0226	2,66	0,0078		
1,91	0,0561	2,29	0,0220	2,67	0,0076		
1,92	0,0549	2,30	0,0214	2,68	0,0074		
1,93	0,0536	2,31	0,0209	2,69	0,0071		

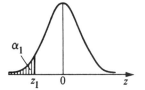 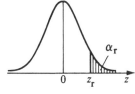 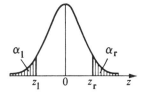

$$\alpha = \alpha_l + \alpha_r; \quad \alpha_l = \alpha_r = \frac{\alpha}{2}$$

n	α / α_l / α_r	1,0 / 0,5	0,8 / 0,4	0,6 / 0,3	0,4 / 0,2	0,2 / 0,1	0,1 / 0,05	0,05 / 0,025	0,02 / 0,01	0,01 / 0,005	0,002 / 0,001	0,001 / 0,0005
1		0,00	0,33	0,73	1,38	3,08	6,31	12,71	31,82	63,66	318,31	636,62
2		0,00	0,29	0,62	1,06	1,89	2,92	4,30	6,97	9,93	22,33	31,60
3		0,00	0,28	0,58	0,98	1,64	2,35	3,18	4,54	5,84	10,21	12,92
4		0,00	0,27	0,57	0,94	1,53	2,13	2,78	3,75	4,60	7,17	8,61
5		0,00	0,27	0,56	0,92	1,48	2,02	2,57	3,37	4,03	5,89	6,87
6		0,00	0,27	0,55	0,91	1,44	1,94	2,45	3,14	3,71	5,21	5,96
7		0,00	0,26	0,55	0,90	1,42	1,90	2,37	3,00	3,50	4,79	5,41
8		0,00	0,26	0,55	0,89	1,40	1,86	2,31	2,90	3,36	4,50	5,04
9		0,00	0,26	0,54	0,88	1,38	1,83	2,26	2,82	3,25	4,30	4,78
10		0,00	0,26	0,54	0,88	1,36	1,80	2,23	2,76	3,17	4,14	4,59
11		0,00	0,26	0,54	0,88	1,36	1,80	2,20	2,72	3,11	4,03	4,44
12		0,00	0,26	0,54	0,87	1,36	1,78	2,18	2,68	3,06	3,93	4,32
13		0,00	0,26	0,54	0,87	1,35	1,77	2,16	2,65	3,01	3,85	4,22
14		0,00	0,26	0,54	0,87	1,35	1,76	2,15	2,62	2,98	3,79	4,14
15		0,00	0,26	0,54	0,87	1,34	1,75	2,13	2,60	2,95	3,73	4,07
16		0,00	0,26	0,54	0,87	1,34	1,75	2,12	2,58	2,92	3,69	4,01
17		0,00	0,26	0,53	0,86	1,33	1,74	2,11	2,57	2,90	3,65	3,96
18		0,00	0,26	0,53	0,86	1,33	1,73	2,10	2,55	2,88	3,61	3,92
19		0,00	0,26	0,53	0,86	1,33	1,73	2,09	2,54	2,86	3,58	3,88
20		0,00	0,26	0,53	0,86	1,33	1,73	2,09	2,53	2,85	3,55	3,85
22		0,00	0,26	0,53	0,86	1,32	1,72	2,07	2,51	2,82	3,51	3,79
24		0,00	0,26	0,53	0,86	1,32	1,71	2,06	2,49	2,80	3,47	3,74
26		0,00	0,26	0,53	0,86	1,32	1,71	2,06	2,48	2,78	3,44	3,71
28		0,00	0,26	0,53	0,86	1,31	1,70	2,05	2,47	2,76	3,41	3,67
30		0,00	0,26	0,53	0,85	1,31	1,70	2,04	2,46	2,75	3,39	3,65
40		0,00	0,26	0,53	0,85	1,30	1,68	2,02	2,42	2,70	3,31	3,55
50		0,00	0,26	0,53	0,85	1,30	1,68	2,01	2,40	2,68	3,26	3,50
100		0,00	0,25	0,53	0,85	1,29	1,66	1,98	2,37	2,63	3,17	3,39
200		0,00	0,25	0,53	0,84	1,29	1,65	1,97	2,35	2,60	3,13	3,34
∞		0,00	0,25	0,52	0,84	1,28	1,65	1,96	2,33	2,58	3,09	3,29

Die z_l-Werte sind negativ, die z_r-Werte positiv

Beispiele für $n = 11$

$$\alpha_l = 0,01; \; z_l = -2,72$$
$$\alpha_r = 0,01; \; z_r = +2,72$$
$$\alpha = 0,02; \; z_l = -2,72; \; z_r = 2,72$$

Tabelle 3. Chi-Quadrat-Verteilung

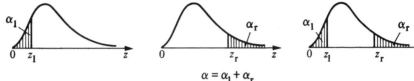

$$\alpha = \alpha_l + \alpha_r$$

n	α_l							
	0,001	0,005	0,01	0,025	0,05	0,1	0,25	0,5
1	0,00	0,00	0,00	0,00	0,00	0,02	0,10	0,45
2	0,00	0,01	0,02	0,05	0,10	0,21	0,58	1,39
3	0,02	0,07	0,11	0,22	0,35	0,58	1,21	2,37
4	0,09	0,21	0,30	0,48	0,71	1,06	1,92	3,36
5	0,21	0,41	0,55	0,83	1,15	1,61	2,67	4,35
6	0,38	0,68	0,87	1,24	1,64	2,20	3,45	5,35
7	0,60	0,99	1,24	1,69	2,17	2,83	4,25	6,35
8	0,86	1,34	1,65	2,18	2,73	3,49	5,07	7,34
9	1,15	1,73	2,09	2,70	3,33	4,17	5,90	8,34
10	1,48	2,16	2,56	3,25	3,94	4,87	6,74	9,34
11	1,83	2,60	3,05	3,82	4,57	5,58	7,58	10,34
12	2,21	3,07	3,57	4,40	5,23	6,30	8,44	11,34
13	2,62	3,57	4,11	5,01	5,89	7,04	9,30	12,34
14	3,04	4,07	4,66	5,63	6,57	7,79	10,17	13,34
15	3,48	4,60	5,23	6,26	7,26	8,55	11,04	14,34
16	3,94	5,14	5,81	6,91	7,96	9,31	11,91	15,34
17	4,42	5,70	6,41	7,56	8,67	10,09	12,79	16,34
18	4,90	6,26	7,01	8,23	9,39	10,86	13,68	17,34
19	5,41	6,84	7,63	8,91	10,12	11,65	14,56	18,34
20	5,92	7,43	8,26	9,59	10,85	12,44	15,45	19,34
21	6,4	8,0	8,9	10,3	11,6	13,2	16,3	20,3
22	7,0	8,6	9,5	11,0	12,3	14,0	17,2	21,3
23	7,5	9,3	10,2	11,7	13,1	14,8	18,1	22,3
24	8,1	9,9	10,9	12,4	13,8	15,7	19,0	23,3
25	8,7	10,5	11,5	13,1	14,6	16,5	19,9	24,3
26	9,2	11,2	12,2	13,8	15,4	17,3	20,8	25,3
27	9,8	11,8	12,9	14,6	16,2	18,1	21,7	26,3
28	10,4	12,5	13,6	15,3	16,9	18,9	22,7	27,3
29	11,0	13,1	14,3	16,0	17,7	19,8	23,6	28,3
30	11,6	13,8	15,0	16,8	18,5	20,6	24,5	29,3
40	17,9	20,7	22,2	24,4	26,5	29,1	33,7	39,3
50	24,7	28,0	29,7	32,4	34,8	37,7	42,9	49,3
60	31,7	35,5	37,5	40,5	43,2	46,5	52,3	59,3
70	39,0	43,3	45,4	48,8	51,7	55,3	61,7	69,3
80	46,5	51,2	53,5	57,2	60,4	64,3	71,1	79,3
90	54,2	59,2	61,8	65,6	69,1	73,3	80,6	89,3
100	61,9	67,3	70,1	74,2	77,9	82,4	90,1	99,3

Beispiele für $n = 10$ $\alpha_l = 0,05$; $z_l = 3,94$

$\alpha_r = 0,05$; $z_r = 18,31$

$\alpha = 0,05$; $\alpha_l = \alpha_r = \dfrac{\alpha}{2} = 0,025$ | $z_l = 3,25$; $z_r = 20,48$

$\alpha = 0,1$; $\alpha_l = \alpha_r = \dfrac{\alpha}{2} = 0,05$ | $z_l = 3,94$; $z_r = 18,31$

α_r								n
0,5	0,25	0,1	0,05	0,025	0,01	0,005	0,001	
0,45	1,32	2,71	3,84	5,02	6,63	7,88	10,83	1
1,39	2,77	4,61	5,99	7,38	9,21	10,60	13,82	2
2,37	4,11	6,25	7,81	9,35	11,34	12,84	16,27	3
3,36	5,39	7,78	9,49	11,14	13,28	14,86	18,47	4
4,35	6,63	9,24	11,07	12,83	15,09	16,75	20,52	5
5,35	7,84	10,64	12,59	14,45	16,81	18,55	22,46	6
6,35	9,04	12,02	14,07	16,01	18,48	20,28	24,32	7
7,34	10,22	13,36	15,51	17,53	20,09	21,96	26,13	8
8,34	11,39	14,68	16,92	19,02	21,67	23,59	27,88	9
9,34	12,55	15,99	18,31	20,48	23,21	25,19	29,59	10
10,34	13,70	17,28	19,68	21,92	24,73	26,76	31,26	11
11,34	14,85	18,55	21,03	23,34	26,22	28,30	32,91	12
12,34	15,98	19,81	22,36	24,74	27,69	29,82	34,53	13
13,34	17,12	21,06	23,68	26,12	29,14	31,32	36,12	14
14,34	18,25	22,31	25,00	27,49	30,58	32,80	37,70	15
15,34	19,37	23,54	26,30	28,85	32,00	34,27	39,25	16
16,34	20,49	24,77	27,59	30,19	33,41	35,72	40,79	17
17,34	21,60	25,99	28,87	31,53	34,81	37,16	42,31	18
18,34	22,72	27,20	30,14	32,85	36,19	38,58	43,82	19
19,34	23,83	28,41	31,41	34,17	37,57	40,00	45,32	20
20,3	24,9	29,6	32,7	35,5	38,9	41,4	46,8	21
21,3	26,0	30,8	33,9	36,8	40,3	42,8	48,3	22
22,3	27,1	32,0	35,2	38,1	41,6	44,2	49,7	23
23,3	28,2	33,2	36,4	39,4	43,0	45,6	51,2	24
24,3	29,3	34,4	37,7	40,6	44,3	46,9	52,6	25
25,3	30,4	35,6	38,9	41,9	45,6	48,3	54,1	26
26,3	31,5	36,7	40,1	43,2	47,0	49,6	55,5	27
27,3	32,6	37,9	41,3	44,5	48,3	51,0	56,9	28
28,3	33,7	39,1	42,6	45,7	49,6	52,3	58,3	29
29,3	34,8	40,3	43,8	47,0	50,9	53,7	59,7	30
39,3	45,6	51,8	55,8	59,3	63,7	66,8	73,4	40
49,3	56,3	63,2	67,5	71,4	76,2	79,5	86,7	50
59,3	67,0	74,4	79,1	83,3	88,4	92,0	99,6	60
69,3	77,6	85,5	90,5	95,0	100,4	104,2	112,3	70
79,3	88,1	96,6	101,9	106,6	112,3	116,3	124,8	80
89,3	98,6	107,6	113,1	118,1	124,1	128,3	137,2	90
99,3	109,1	118,5	124,3	129,6	135,8	140,2	149,4	100

Für $\alpha_r \geqslant 0,5$ gilt: $z_r(\alpha_r) = z_1(1-\alpha_r) = z_1(\alpha_1)$

Für $\alpha_1 \geqslant 0,5$ gilt: $z_1(\alpha_1) = z_r(1-\alpha_1) = z_r(\alpha_r)$

Beispiele für $n = 10$:

$$z_r(0,9) = z_1(0,1) = 4,87; \; z_1(0,9) = z_r(0,1) = 15,99$$

Tabelle 4a. *F*-Verteilung. 5 %

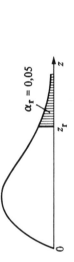

$\alpha_r = 0{,}05$

n_2 \ n_1	1	2	3	4	5	6	7	8	9	10	15	20	30	40	50	100	∞
1	161	200	216	225	230	234	237	239	241	242	246	248	250	251	252	253	254
2	18,51	19,00	19,16	19,25	19,30	19,33	19,36	19,37	19,38	19,39	19,40	19,44	19,46	19,47	19,47	19,49	19,50
3	10,13	9,55	9,28	9,12	9,01	8,94	8,88	8,84	8,81	8,78	8,70	8,66	8,62	8,60	8,58	8,56	8,53
4	7,71	6,94	6,59	6,39	6,26	6,16	6,09	6,04	6,00	5,96	5,86	5,80	5,74	5,71	5,70	5,66	5,63
5	6,61	5,79	5,41	5,19	5,05	4,95	4,88	4,82	4,78	4,74	4,62	4,56	4,50	4,46	4,44	4,40	4,36
6	5,99	5,14	4,76	4,53	4,39	4,28	4,21	4,15	4,10	4,06	3,94	3,87	3,81	3,77	3,75	3,71	3,67
7	5,59	4,74	4,35	4,12	3,97	3,87	3,79	3,73	3,68	3,63	3,51	3,44	3,38	3,34	3,32	3,28	3,23
8	5,32	4,46	4,07	3,84	3,69	3,58	3,50	3,44	3,39	3,34	3,22	3,15	3,08	3,05	3,03	2,98	2,93
9	5,12	4,26	3,86	3,63	3,48	3,37	3,29	3,23	3,18	3,13	3,01	2,93	2,86	2,82	2,80	2,76	2,71
10	4,96	4,10	3,71	3,48	3,33	3,22	3,14	3,07	3,02	2,97	2,85	2,77	2,70	2,67	2,64	2,59	2,54
11	4,84	3,98	3,59	3,36	3,20	3,09	3,01	2,95	2,90	2,86	2,72	2,65	2,57	2,53	2,50	2,45	2,40
12	4,75	3,88	3,49	3,26	3,11	3,00	2,92	2,85	2,80	2,76	2,62	2,54	2,46	2,42	2,40	2,35	2,30
13	4,67	3,80	3,41	3,18	3,02	2,92	2,84	2,77	2,72	2,67	2,53	2,46	2,38	2,34	2,32	2,26	2,21
14	4,60	3,74	3,34	3,11	2,96	2,85	2,77	2,70	2,65	2,60	2,46	2,39	2,31	2,27	2,24	2,19	2,13
15	4,54	3,68	3,29	3,06	2,90	2,79	2,70	2,64	2,59	2,55	2,40	2,33	2,25	2,21	2,18	2,12	2,07
16	4,49	3,63	3,24	3,01	2,85	2,74	2,66	2,59	2,54	2,49	2,35	2,28	2,20	2,16	2,13	2,07	2,01
17	4,45	3,59	3,20	2,96	2,81	2,70	2,62	2,55	2,50	2,45	2,31	2,23	2,15	2,11	2,08	2,02	1,96
18	4,41	3,55	3,16	2,93	2,77	2,66	2,58	2,51	2,46	2,41	2,27	2,19	2,11	2,07	2,04	1,98	1,92
19	4,38	3,52	3,13	2,90	2,74	2,63	2,55	2,48	2,43	2,38	2,23	2,15	2,07	2,02	2,00	1,94	1,88

20	4,35	3,49	3,10	2,87	2,71	2,60	2,52	2,45	2,40	2,35	2,20	2,12	2,04	1,99	1,96	1,90	1,84	20
22	4,30	3,44	3,05	2,82	2,66	2,55	2,47	2,40	2,35	2,30	2,15	2,07	1,98	1,93	1,91	1,84	1,78	22
24	4,26	3,40	3,01	2,78	2,62	2,51	2,43	2,36	2,30	2,26	2,11	2,02	1,94	1,89	1,86	1,80	1,73	24
26	4,22	3,37	2,98	2,74	2,59	2,47	2,39	2,32	2,27	2,22	2,07	1,99	1,90	1,85	1,82	1,76	1,69	26
28	4,20	3,34	2,95	2,71	2,56	2,44	2,36	2,29	2,24	2,19	2,04	1,96	1,87	1,81	1,78	1,72	1,65	28
30	4,17	3,32	2,92	2,69	2,53	2,42	2,34	2,27	2,21	2,16	2,01	1,93	1,84	1,79	1,76	1,69	1,62	30
32	4,15	3,30	2,90	2,67	2,51	2,40	2,32	2,25	2,19	2,14	1,99	1,91	1,82	1,76	1,74	1,67	1,59	32
34	4,13	3,28	2,88	2,65	2,49	2,38	2,30	2,23	2,17	2,12	1,97	1,89	1,80	1,74	1,71	1,64	1,57	34
36	4,11	3,26	2,86	2,63	2,48	2,36	2,28	2,21	2,15	2,10	1,95	1,87	1,78	1,72	1,69	1,62	1,55	36
38	4,10	3,25	2,85	2,62	2,46	2,35	2,26	2,19	2,14	2,09	1,94	1,85	1,76	1,71	1,67	1,60	1,53	38
40	4,08	3,23	2,84	2,61	2,45	2,34	2,25	2,18	2,12	2,07	1,92	1,84	1,74	1,69	1,66	1,59	1,51	40
50	4,03	3,18	2,79	2,56	2,40	2,29	2,20	2,13	2,07	2,02	1,87	1,78	1,69	1,63	1,60	1,52	1,44	50
60	4,00	3,15	2,76	2,52	2,37	2,25	2,17	2,10	2,04	1,99	1,84	1,75	1,65	1,59	1,56	1,48	1,39	60
70	3,98	3,13	2,74	2,50	2,35	2,23	2,14	2,07	2,01	1,97	1,81	1,72	1,62	1,56	1,53	1,45	1,35	70
80	3,96	3,11	2,72	2,48	2,33	2,21	2,12	2,05	1,99	1,95	1,79	1,70	1,60	1,54	1,51	1,42	1,32	80
90	3,95	3,10	2,71	2,47	2,32	2,20	2,11	2,04	1,99	1,94	1,78	1,69	1,59	1,53	1,49	1,41	1,30	90
100	3,94	3,09	2,70	2,46	2,30	2,19	2,10	2,03	1,97	1,92	1,77	1,68	1,57	1,51	1,48	1,39	1,28	100
150	3,91	3,06	2,67	2,43	2,27	2,16	2,07	2,00	1,94	1,89	1,73	1,64	1,54	1,47	1,44	1,34	1,22	150
200	3,89	3,04	2,65	2,41	2,26	2,14	2,05	1,98	1,92	1,87	1,72	1,62	1,52	1,45	1,42	1,32	1,19	200
1000	3,85	3,00	2,61	2,38	2,22	2,10	2,02	1,95	1,89	1,84	1,68	1,58	1,47	1,41	1,36	1,26	1,08	1000
∞	3,84	2,99	2,60	2,37	2,21	2,09	2,01	1,94	1,88	1,83	1,67	1,57	1,46	1,40	1,35	1,24	1,00	∞

Beispiel: $\qquad$ $n_1 = 10$; $n_2 = 20$; $\alpha_r = 0,05$; $z_r = 2,35$

Tabelle 4b. F-Verteilung. 1 %

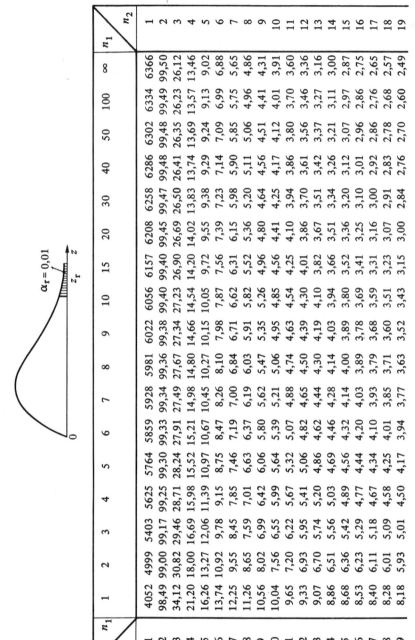

$\alpha_r = 0{,}01$

n_2 \ n_1	1	2	3	4	5	6	7	8	9	10	15	20	30	40	50	100	∞
1	4052	4999	5403	5625	5764	5859	5928	5981	6022	6056	6157	6208	6258	6286	6302	6334	6366
2	98,49	99,00	99,17	99,25	99,30	99,33	99,34	99,36	99,38	99,40	99,40	99,45	99,47	99,48	99,48	99,49	99,50
3	34,12	30,82	29,46	28,71	28,24	27,91	27,67	27,49	27,34	27,23	26,90	26,69	26,50	26,41	26,35	26,23	26,12
4	21,20	18,00	16,69	15,98	15,52	15,21	14,98	14,80	14,66	14,54	14,20	14,02	13,83	13,74	13,69	13,57	13,46
5	16,26	13,27	12,06	11,39	10,97	10,67	10,45	10,27	10,15	10,05	9,72	9,55	9,38	9,29	9,24	9,13	9,02
6	13,74	10,92	9,78	9,15	8,75	8,47	8,26	8,10	7,98	7,87	7,56	7,39	7,23	7,14	7,09	6,99	6,88
7	12,25	9,55	8,45	7,85	7,46	7,19	7,00	6,84	6,71	6,62	6,31	6,15	5,98	5,90	5,85	5,75	5,65
8	11,26	8,65	7,59	7,01	6,63	6,37	6,19	6,03	5,91	5,82	5,52	5,36	5,20	5,11	5,06	4,96	4,86
9	10,56	8,02	6,99	6,42	6,06	5,80	5,62	5,47	5,35	5,26	4,96	4,80	4,64	4,56	4,51	4,41	4,31
10	10,04	7,56	6,55	5,99	5,64	5,39	5,21	5,06	4,95	4,85	4,56	4,41	4,25	4,17	4,12	4,01	3,91
11	9,65	7,20	6,22	5,67	5,32	5,07	4,88	4,74	4,63	4,54	4,25	4,10	3,94	3,86	3,80	3,70	3,60
12	9,33	6,93	5,95	5,41	5,06	4,82	4,65	4,50	4,39	4,30	4,01	3,86	3,70	3,61	3,56	3,46	3,36
13	9,07	6,70	5,74	5,20	4,86	4,62	4,44	4,30	4,19	4,10	3,82	3,67	3,51	3,42	3,37	3,27	3,16
14	8,86	6,51	5,56	5,03	4,69	4,46	4,28	4,14	4,03	3,94	3,66	3,51	3,34	3,26	3,21	3,11	3,00
15	8,68	6,36	5,42	4,89	4,56	4,32	4,14	4,00	3,89	3,80	3,52	3,36	3,20	3,12	3,07	2,97	2,87
16	8,53	6,23	5,29	4,77	4,44	4,20	4,03	3,89	3,78	3,69	3,41	3,25	3,10	3,01	2,96	2,86	2,75
17	8,40	6,11	5,18	4,67	4,34	4,10	3,93	3,79	3,68	3,59	3,31	3,16	3,00	2,92	2,86	2,76	2,65
18	8,28	6,01	5,09	4,58	4,25	4,01	3,85	3,71	3,60	3,51	3,23	3,07	2,91	2,83	2,78	2,68	2,57
19	8,18	5,93	5,01	4,50	4,17	3,94	3,77	3,63	3,52	3,43	3,15	3,00	2,84	2,76	2,70	2,60	2,49

20	8,10	5,85	4,94	4,43	4,10	3,87	3,71	3,56	3,45	3,37	3,09	2,94	2,77	2,69	2,63	2,53	2,42	20
22	7,94	5,72	4,82	4,31	3,99	3,76	3,59	3,45	3,35	3,26	2,98	2,83	2,67	2,58	2,53	2,42	2,31	22
24	7,82	5,61	4,72	4,22	3,90	3,67	3,50	3,36	3,25	3,17	2,89	2,74	2,58	2,49	2,44	2,33	2,21	24
26	7,72	5,53	4,64	4,14	3,82	3,59	3,42	3,29	3,17	3,09	2,82	2,66	2,50	2,41	2,36	2,25	2,13	26
28	7,64	5,45	4,57	4,07	3,76	3,53	3,36	3,23	3,11	3,03	2,75	2,60	2,44	2,35	2,30	2,18	2,06	28
30	7,56	5,39	4,51	4,02	3,70	3,47	3,30	3,17	3,06	2,98	2,70	2,55	2,38	2,29	2,24	2,13	2,01	30
32	7,50	5,34	4,46	3,97	3,66	3,42	3,25	3,12	3,01	2,94	2,66	2,51	2,34	2,25	2,20	2,08	1,96	32
34	7,44	5,29	4,42	3,93	3,61	3,38	3,21	3,08	2,97	2,89	2,62	2,47	2,30	2,21	2,15	2,04	1,91	34
36	7,39	5,25	4,38	3,89	3,58	3,35	3,18	3,04	2,94	2,86	2,58	2,43	2,26	2,17	2,12	2,00	1,87	36
38	7,35	5,21	4,34	3,86	3,54	3,32	3,15	3,02	2,91	2,82	2,55	2,40	2,22	2,14	2,08	1,97	1,84	38
40	7,31	5,18	4,31	3,83	3,51	3,29	3,12	2,99	2,88	2,80	2,52	2,37	2,20	2,11	2,05	1,94	1,81	40
50	7,17	5,06	4,20	3,72	3,41	3,18	3,02	2,88	2,78	2,70	2,42	2,26	2,10	2,00	1,94	1,82	1,68	50
60	7,08	4,98	4,13	3,65	3,34	3,12	2,95	2,82	2,72	2,63	2,35	2,20	2,03	1,93	1,87	1,74	1,60	60
70	7,01	4,92	4,08	3,60	3,29	3,07	2,91	2,77	2,67	2,59	2,31	2,15	1,98	1,88	1,82	1,69	1,53	70
80	6,96	4,88	4,04	3,56	3,25	3,04	2,87	2,74	2,64	2,55	2,27	2,11	1,94	1,84	1,78	1,65	1,49	80
90	6,93	4,85	4,01	3,54	3,23	3,01	2,84	2,72	2,61	2,52	2,24	2,09	1,92	1,82	1,76	1,62	1,46	90
100	6,90	4,82	3,98	3,51	3,20	2,99	2,82	2,69	2,59	2,51	2,22	2,06	1,89	1,79	1,73	1,59	1,43	100
150	6,81	4,75	3,91	3,44	3,14	2,92	2,76	2,62	2,53	2,44	2,16	2,00	1,83	1,72	1,66	1,51	1,33	150
200	6,76	4,71	3,88	3,41	3,11	2,90	2,73	2,60	2,50	2,41	2,13	1,97	1,79	1,69	1,62	1,48	1,28	200
1000	6,66	4,62	3,80	3,34	3,04	2,82	2,66	2,53	2,43	2,34	2,06	1,89	1,71	1,61	1,54	1,38	1,11	1000
∞	6,64	4,60	3,78	3,32	3,02	2,80	2,64	2,51	2,41	2,32	2,04	1,87	1,69	1,59	1,52	1,36	1,00	∞

Beispiel: $n_1 = 10$; $n_2 = 20$; $\alpha_r = 0,01$; $z_r = 3,37$

Statistische Methoden für Ingenieure und Naturwissenschaftler, Bd. II

Verteilungstests, einfache nichtlineare und mehrfache Regression, partielle Korrelation, Folgetests und Qualitätskontrolle

Von Prof. Dr. Johannes Blume, Meerbusch. 1974. XI, 120 Seiten. 28 Bilder, 17 Tabellen. (VDI-Taschenbücher, T 41.) Format 13,8 × 21 cm. Kart.

ISBN 3-18-403041-5

Dieser zweite Band ist wie auch der erste (VDI-Taschenbuch T15) ein vielseitiger Helfer für alle, die statistische Methoden ohne ein systematisches Studium der Statistik elastisch und verständnisvoll anwenden müssen. Infolgedessen ist er kein Lehrbuch, in dem die Statistik lückenlos mit mathematischer Beweisführung aufgebaut wird. Er beschränkt sich vielmehr darauf, die wesentlichen Grundgedanken und gebräuchlichen Methoden darzustellen sowie für ihre Anwendungen das mathematische Rüstzeug möglichst einfach und ohne Beweisführung soweit erforderlich zu erläutern. Ferner werden Rechenschemata mit Zahlenbeispielen zu allen Methoden angegeben, so daß die Verwendung von Tischrechnern leicht möglich ist.

Der zweite Band besteht wie auch der erste Band aus einem theoretischen und einem praktischen Teil. Im theoretischen Teil werden zu den einzelnen Abschnitten die Abschnitte des praktischen Teiles in schrägstehenden Klammern angegeben, in denen das zugehörige Rechenschema mit Zahlenbeispiel enthalten ist. Umgekehrt sind im praktischen Teil mit senkrechten Klammern zu den einzelnen Abschnitten die Abschnitte des theoretischen Teiles genannt, in denen die zugehörige Theorie besprochen wird. Dadurch können beide Teile sowohl zusammen als auch getrennt voneinander benutzt werden.

(VDI-Mitglieder erhalten 10% Preisnachlaß.)

**VDI-Verlag GmbH
Postfach 1139
4000 Düsseldorf**